JN440649

Lightscape / Relux를 이용한

조명설계 프로그램의 이해와 활용

황명근 · 안수호 · 홍성욱 · 박상준 공저

차세대LED조명기술인력양성센터
LED Lighting Technology Education Center

A-JIN 도서출판 아 진

"내가 가는 길을 그가 아시나니 그가 나를 단련하신 후에는 내가 순금 같이 되어 나오리라 (욥23 : 10)"

머리말

조명은 인간이 삶을 영위해 나아가는데 있어서 반드시 필요한 도구로서 그 시대의 기술 수준과 시대적 요구에 따라 큰 발전을 해 왔습니다. 과거 등화시대에 단순히 불을 밝히는 것에서부터 현재의 인간이 건강하고 쾌적한 삶, 아름다움을 창조하는 수단으로까지 또는 고효율 및 친환경적인 요구까지 조명에 대한 시대적 요구는 다양하고 광범위하게 변화하고 있으며 이를 충족시킬 수 있는 새로운 융·복합 IT-조명기술과 신광원에 대한 관심도 크게 높아지고 있습니다.

최근의 에너지절약과 환경문제에 대한 이슈가 크게 대두되면서 LED 조명을 중심으로 한 새로운 광원(LED, OLED 등)의 기술수요가 증가될 것으로 예상되고 있고 각 기업에서는 LED조명에 대한 기술경쟁력 향상을 위한 융·복합 학문에 대한 전문 기술 인력을 필요로 하고 있습니다.

세계적으로 국가와 기업의 핵심 경쟁의 원천이 量 위주의 인력(Man Power)에서 質 위주의 인력(Human Resource)으로 그 중요성이 전환되고 있는 시점입니다. 우리는 기존 조명산업의 경쟁력을 유지하면서 새로운 LED기술의 빠른 변화에 대응하여 LED조명기술을 발전시켜야 할 것입니다. 이를 위해서는 그 기술의 주체가 되는 기술 인력에 대한 전문화가 우선적으로 이루어져야 하며 이를 위한 다양한 전문 교육과정의 개발과 제반시설 등의 교육 인프라 확충이 필요로 합니다.

한국조명연구원「차세대 LED조명기술인력양성센터」에서는 2008년부터 정부의 지원사업으로 산·학·연·관 전문가 네트워크의 활용을 통한 LED epi·chip, Package·Module, Lighting application 등 LED분야별 기업 맞춤형 LED조명 교육을 실시하고 있습니다.

다양한 LED응용기술과 분야별 핵심기술 정보를 산업인력에게 제공함으로써 기업의 기술역량을 한층 강화하고 국내 조명산업이 LED조명을 중심으로 한 새로운 산업으로 도약되기를 기대합니다.

2010년 7월

한국조명연구원 차세대LED조명기술인력양성센터

저자 황 명 근

목 차

제1장

Lightscape를 이용한 조명시뮬레이션

제1절 LED 광원 설계

1. LED 광원

LED는 색을 필요로 하는 조명 응용에 매우 효과적이고 효율적이다. 백색광원과 각종 색을 띤 유리나 플라스틱 필터 또는 렌즈 등을 사용하는 기존의 간판이나 신호등과는 달리 고유한 파장대를 갖고 발광하는 LED는 색 필터가 필요 없다. 1990년대 중반에 개발된 백색 LED와 같은 최근의 기술적 진보는 [그림 1.1.1]에서와 같이 LED소자 기술뿐 아니라 조명제어 기술에서 급속히 이루어지고 있으며 이는 조명시스템 응용을 가속화 시키게 되었고, 많은 제품들이 시장에 출시되고 있다. 현재 단위 LED칩을 수십~수백 개 직병렬로 조합하여 수십~수백 lumen급의 광출력도 가능하다.

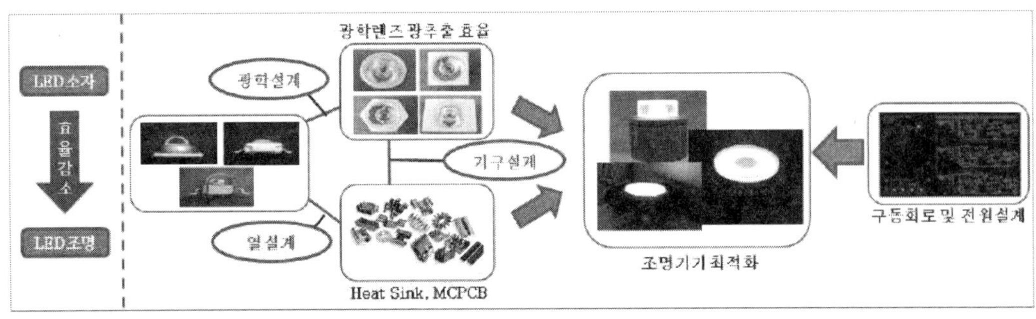

그림 1.1.1 LED 소자 기술 요소와 조명 기술 요소

이처럼 고효율 LED 모듈 패키지는 LED 광원을 용도에 맞게 유효광원으로 최적화하는 기술로서 패키지 크기를 최소화하며 제조원가를 낮출 수 있는 공정기술을 필요로 하고 있다. LED 모듈 패키지 설계는 열 해석에 따른 패키지 구조 및 방열설계, LED 광원의 방향 및 배광 조절을 위한 광학 설계로 이루어진다. 특히 봉지 제 몰딩 공정은 광 특성을 고려한 LED 광원모듈 패키지만의 공정으로 형광체를 배합 적용한 광색조절 기능 및 배광조절을 위한 기본 광학계 구조 형태를 가도록 한다.

1-1. LED 광원의 기본 특성

(1) 광변환 효율이 기존 광원보다 높으며, 에너지 소비량이 백열전구의 1/10, 형광등의 1/2 정도로 매우 적다.

(2) LED는 크기가 소형이고 전력소비가 매우 적으며 제어방식(DC)이 단순하여 복잡한 구동회로가 필요하지 않기 때문에, 광원 및 시스템의 소형화, 박형화, 경량화를 이룰 수 있다.

(3) 다른 광원과 달리 필라멘트나 전극이 없기 때문에 수명이 약 10만 시간의 장수명이고, 충격에 강하고, 안정적이기에 반영구적으로 사용할 수 있다.

(4) 방전등처럼 수은이나 방전용 가스를 사용하지 않기 때문에 환경 친화적이다.

(5) 고체발광으로서 열 및 가스 방전 발광이 아니기 때문에 예열 시간이 필요 없다.

(6) 점/소등 속도가 9~10초 정도로 매우 빠르며, 전류에 의한 광출력 제어가 용의하다.

(7) 안정적인 직류 점등방식으로 소비전력이 작고, 고반복, 펄스 동작이 가능하며 시신경의 피로를 감소시킬 수 있다.

(8) 서로 다른 광색과 특성을 가진 LED를 조합하여 다양하고 다이나믹한 광원의 모양과 광색을 표현할 수 있다.

(9) 단점으로는 높은 휘도에 의한 눈부심이 발생하며 주위온도 및 자체 발생열에 취약하고 좁은 배광, 기존 광원에 비해 5배 이상의 높은 가격 등이 있다.

1-2. LED 광원의 동작 특성

LED는 각각의 종류에 따라 조금씩 다른 전압/전류 특성을 가지게 된다. 그러므로 LED를 최적의 환경에서 동작시키기 위해서는 그 동작 특성에 따라 전류를 조절하여야 한다. [그림 1.1.2]는 RGB멀티 칩 LED의 경우의 전류에 따른 광출력 변화를 나타내고 있으며, 녹색LED의 광출력이 청색과 적색LED에 비하여 높고 비선형적인 특성을 갖는다. 이는 LED마다 달리 나타나는 특성임으로 반드시 광 측정을 통해 확인하여야 한다. 일반적으로는 LED 동작 전압에 대한 광출력은 일정 전압까지는 비례적으로 증가하지만 일정한 전압 이상이 되면 전압이 증가하여도 광 출력이 감소하게 되며, 그 이상의 높은 전압이 인가되면 LED가 파괴되거나 본래의 특성이 손상된다. 따라서 LED의 광 출력을 제어하는데 있어서 주로 동작 전류를 제어하여 광 출력 제어가 실현되지만, 동작전류에 대해 광출력 변화가 선형적으로 변화하지 않고 동작전류를 제어하기 위해서는 복잡한 구동회가 구성되어야 하는 단점이 있게 된다. 따라서 이러한 문제를 해결하기 위하여 LED에 일정전압을 인가하고, 여기에 PWM방식의 Duty 비율을 제어하여 광출력을 제어하면 선형적인 광출력 값을 얻을 수 있게 된다.

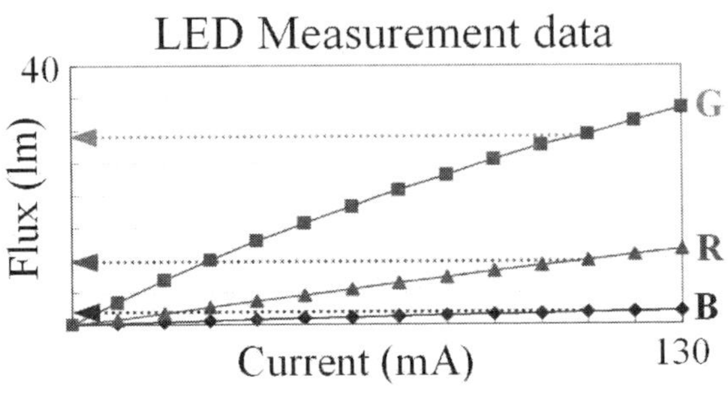

그림 1.1.2 전류에 따른 광출력 특성

일반적으로 LED는 온도가 높을수록 광 출력이 저하되는 특성을 가지고 있으며, 이는 일반 방전등과 백열전구의 특성과 반대이다. 이것은 높은 주위 온도와 반도체의 접합온도가 증가하게 되어 전자와 정공의 재결합이 활성화되지 못하기 때문이다. 따라서 일부 LED 시스템은 주위온도 변화에도 일정한 광 출력을 나타낼 수 있도록 LED에 흐르는 전류를 조절하는 보상회로를 포함하고 있다. 그러나 이러한 보상회로는 LED가 주위온도에서 계속 동작될 경우에는 LED의 수명이 짧아지는 단점이 된다. 이러한 접합 온도의 특성을 좌우하는 요소로는 주위 온도, LED에 흐르는 전류, LED에 설치되어 있는 Heat Sink가 있다.

2. LED 조명 설계

LED 칩 자체는 본질적으로 방향성 광원은 아니다. LED 반도체 칩은 잠재적으로 여러 방향으로 빛을 방출한다. 그러나 구조적으로 불투명성 요소(기판, 전극, 방열기 등)에 의한 빛의 손실을 최소화한 가장 효율적인 광학적 디자인으로 작은 반사경과 에폭시 렌즈를 사용하여 전면에 빛을 모아 발산하는 구조를 대부분 사용하고 있다. 따라서 패키징 된 LED 램프는 거의 방향성을 가지고 있다고 볼 수 있으며, 광학 특성도 이러한 구조에서 설계하는 것이 일반적이다. 즉, LED 램프는 반사 컵과 에폭시 렌즈의 구조 등에 의해 배광 특성이 결정되며, 최대 광도를 발산하는 광축방향을 중심으로 좌우각도에 따라 광도가 감소하게 된다. 이때 중심 축 방향의 최대광도 50%되는 각도를 반치각 또는 가시각이라 하며, 최대광도와 더불어 LED의 발광효율을 결정하는 주요한 요인이 된다. 반치각이 클수록 중심 축 광도는 작아진다.

따라서 LED 조명 제품 설계는 크게 목표 배광을 위한 광학계와 신뢰성 확보를 위한 방열이 실현되는 조명 기구 설계와 고효율 실현을 위한 구동회로와 LED의 다양한 광색 및 색온도를 구현하기 위한 제어회로설계로 이루어지게 된다. LED를 조명 용도에 효율적으로 적용하기 위하여 조명의 목표 배광을 설정하고, 이를 실현하기 위한 광학 설계 및 광 효율 극대화 기술이 필요하다. 이러한 최적의 목표 배광을 실현하기 위한 광학 설계 요소기술은 다음과 같다.

(1) 반사판, 글로브, 확산 시트 등의 광 설계 기술
(2) 직간접 조명을 위한 조명 설계 기술
(3) 광학적 특성 분석 및 개선 기술
(4) 색도 및 눈부심 등의 조명 광학적 특성 연구
(5) 조명 렌즈/반사판 개발

또한 LED가 조명용으로 사용하기 위하여 대용량화가 필요하며, 이것은 LED자체 발열량의 증가로 LED 효율을 저하시키고, 수명을 감소시키게 된다. 따라서 LED 조명기구 설계에 있어서 방열 구조의 개선이 매우 중요하다. 이러한 방열 구조를 개선하기 위해서는 LED와 방열판과의 접착 열 저항을 최소화해야 할 것이다. 따라서 방열

단면적이 최대화 될 수 있는 조명기구 설계가 이루어 져야 하며 전도된 열이 빠른 시간에 냉각될 수 있는 구조를 형성하여야 한다.

2-1. LED 광원 분석

LED의 반도체 소자에 사용된 물질이 색상을 좌우한다. 현재 조명 시스템에 사용되는 LED의 주요 2가지 형태는 빨강색, 주황색, 노란색 LED용의 AlGaInP 혼합물과 녹색, 파랑색, 백색 LED용의 InGaN 혼합물이다. 이러한 혼합물의 조성에 있어서의 약간의 변화가 발광 색상을 변화시킨다. 주로 전자장비에서 표시등으로 사용되던 초기의 LED는 매우 좁은 대역폭이지만 최근에는 노란색과 녹색에서 레드색상에 이르는 단일 파장의 범위가 아닌 빛을 만들어 가시광 스펙트럼 영역에서 최고의 파장을 갖는 LED를 제조할 수 있게 되었다. 특히 백색광은 스펙트럼 각각 영역의 파장의 빛을 혼합하여 만들 수 있다. 현재 백색광을 만드는 방법은 크게 색 혼합법과 형광체 변환법의 2가지 방법으로 구분된다.

(1) 색 혼합법

백색광을 만들기 위해 몇 가지 색상의 LED로부터 빛을 혼합하는 방법으로 소위 3파장 형광램프가 3가지 형광물질들을 사용하여 램프 관에서 수은 아크로부터 방사된 자외선을 받자마자 각각의 형광물질은 파랑색, 녹색, 빨강색 빛의 상대적으로 좁은 대역의 방사하게 되는 것과 같은 원리이다. 파랑색, 녹색, 빨강색 LED를 서로 근접하게 위치시킴으로써 그들의 출력 광을 적절하게 혼합하여 육안으로 보게 되는 빛은 백색광이 된다.

(2) 형광체 변환법

단파장의 LED와 함께 형광물질을 사용하여 백색광을 만들어내는 방법이다. 그

예로 [그림 1.1.3]에서 나타난 것과 같이, 파랑색 LED에 사용되는 형광물질이 파란 빛을 받으면 적절하게 넓은 분광복사를 하는 노란 빛을 방사하게 되어, 변환되지 않은 파랑색과 변환된 노란색이 섞여 최종적으로 450~470 nm 파장에서 피크를 갖는 광 분포를 갖는 백색광이 구현되게 된다.

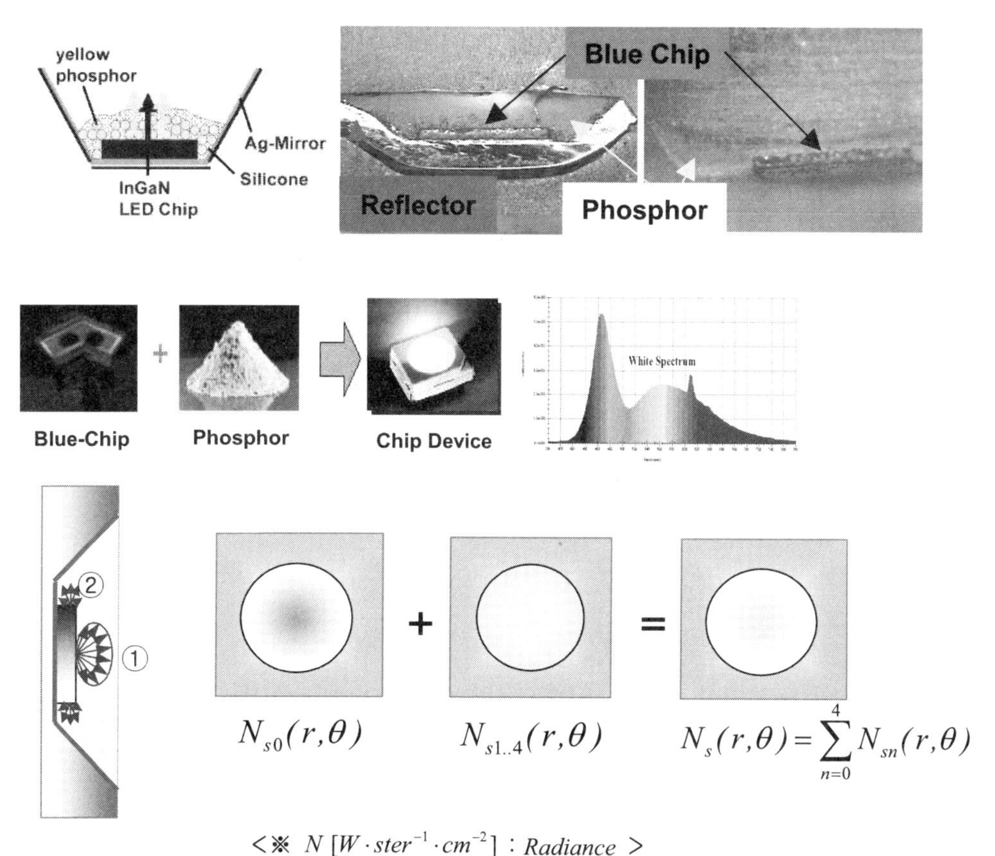

<※ $N\,[W \cdot ster^{-1} \cdot cm^{-2}]$: *Radiance* >

그림 1.1.3 형광체 변환법을 이용한 백색광 LED 발광 분석

2-2. LED 광학계 설계

목표 배광을 위한 광학계는 조립공정의 단순화 및 사용소재의 가격을 고려하여 설계되어야 한다. 대개의 경우, 별도의 광학계를 제조하여 부착하는 방식을 채택하

고 있으며, 이는 부수적인 금형의 추가 제작에 소요비용이 들며 이를 부착하기 위한 별도의 공정을 개발(추가)하여야 하는 취약한 측면이 있게 된다. 또한 별도의 촉진제를 사용하지 않고 실리콘 혹은 에폭시로 한 번에 광학계(Lens)를 형성하는 공정기술도 연구하고 있으며, 이는 제조공정의 단순화를 할 수 있다. 이것은 일정한 광 특성을 유지할 수 있는 장점이 있는데, 앞의 경우처럼 별도의 광학계를 사용하게 되면 일정치 못한 광특성을 갖게 되어 여러 응용에 LED를 적용함에 있어 상당한 어려움을 겪게 된다. 이처럼 광학계의 설계 적용을 위해서는 [그림 1.1.4]와 같이 우선적으로 광학계 적용 전의 LED모듈에 대한 분석 데이터를 기반으로 광학해석을 위한 해석 모델링과 그 결과를 검증하는 단계가 반드시 수행되어야 한다. LED 모듈 소재의 의 광학적 특성치는 실제 적용된 소재의 대표적인 물성치를 입력하게 되는데, 이는 각 소재별 실제 물성은 공급자에서 제시되지 않기 때문에 대표적인 물성치를 설계 Simulation에 적용하게 된다. 따라서 실제 광특성과 차이가 있을 수 있지만 이는 측정분석 등의 여러 검증을 통해 보상되어 진다. LED 칩의 정보는 실제 적용 Chip source의 정보를 그대로 이용하여야 하며, 적, 녹, 청색의 LED 칩의 Size, Emit concept, 파장을 실제 Simulation 입력치로 하여 최대한 근접한 결과 도출하도록 한다. 이러한 입력 단계가 정확하지 않게 되면 [그림 1.1.5]의 그 후속 광학계 모듈 설계시에 잘못 된 광학 성능 결과를 얻게 된다.

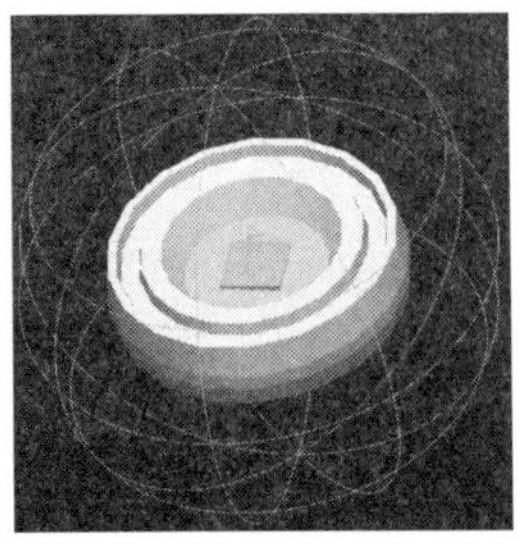
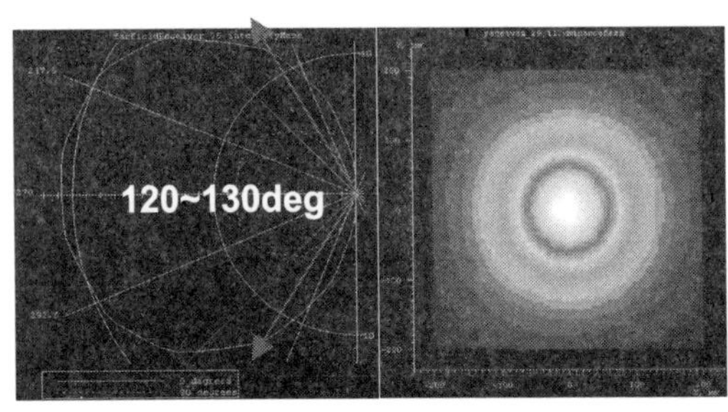

그림 1.1.4 백색광 LED 모듈 설계 및 해석

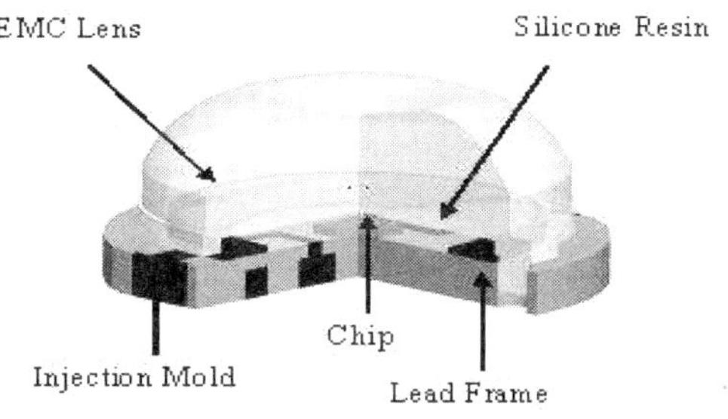

그림 1.15. 백색광 LED 광학계 모듈 모델링

특히 [그림 1.1.6]에서와 같이 형광체 변환 백색 LED는 단색이 아닌 blue칩 기반의 YAG 형광체를 사용하였기에, 목표 영역으로 빛을 집광 할 경우, 두 색의 광선들이 균일하게 혼합되지 않으면 국부적으로 색 분리 현상이 나타날 수 있게 된다. 특히 이런 현상은 두꺼운 굴절 렌즈를 통과하면서 일정 각도로 집광이 될 때 분명하게 나타나게 된다. blue 칩의 윗면에서 발광된 광선은 얇은 형광체 층을 거치면서 여전히 파란 색을 유지하는 반면, blue칩의 옆면에서 출사한 광선은 두꺼운 형광체 층을 지나면서 노란색을 강하게 띄게 된다. 이렇게 LED에서 출사된 광선들이 두꺼운 렌즈를 지나 집광 면에서 도달할 때는 중심 둘레로 모이게 되어 노란색의 테두리를 만들게 된다. 따라서 광학계 설계 시에 색 품질과 관련되어 주의하여 설계를 할 필요가 있다.

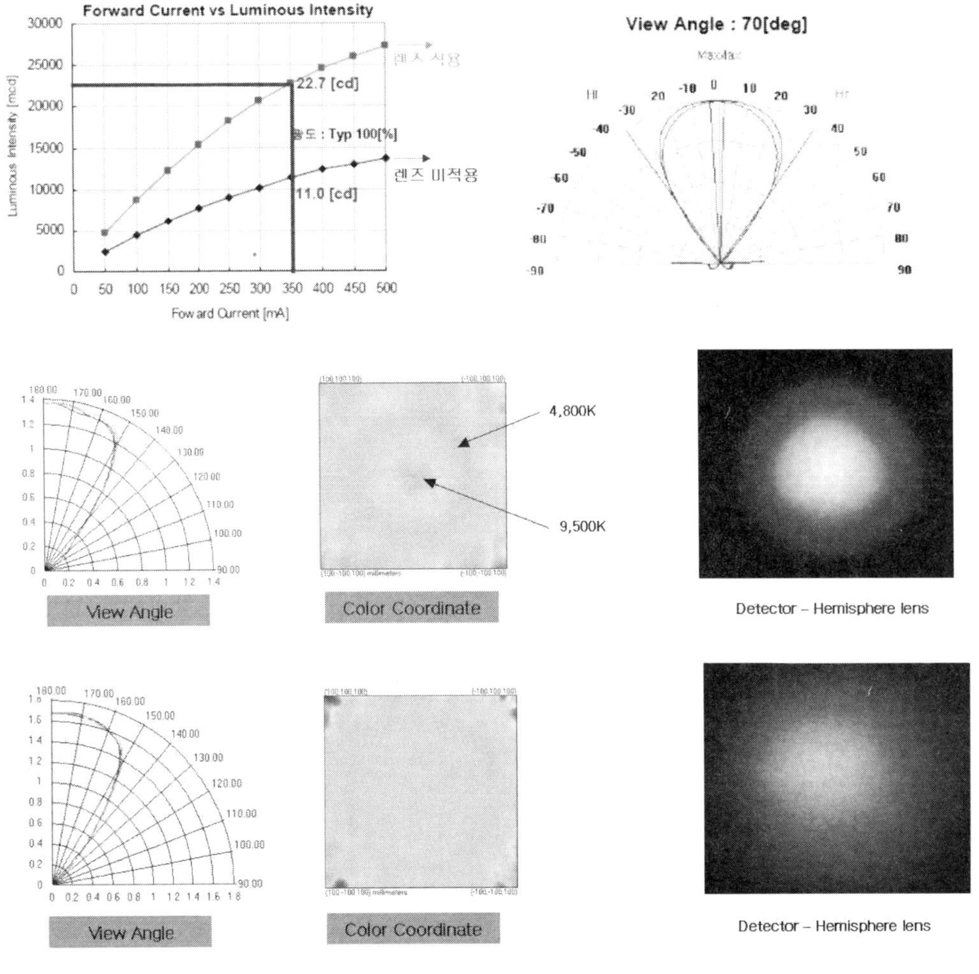

그림 1.1.6. 광학계 적용 모델의 광해석 결과

따라서 고휘도 조명용 LED 광학계의 설계 기술 및 시뮬레이션을 통한 성능 예측하기 위해서는 다음의 과정이 반드시 수행되어야 한다.

(1) 광원 분석을 통한 모듈 모델링

(2) 목표 배광을 위한 광선 추적을 통한 조명용 LED렌즈 형상 설계

(3) Illumination 시뮬레이션을 통한 주어진 제한조건 내에서의 조명용 LED광학계의 성능 최적화 기법 개발

[그림 1.1.7]은 위 과정을 거쳐 제작된 목표 배광을 위한 광학 렌즈 적용 전후의 광도 변화에 대한 측정 결과의 일예를 보여주는 것으로 렌즈를 적용한 경우 중심 광도가 2배 향상됨을 알 수 있고, 이 때 반치각은 35도가 됨을 알 수 있다.

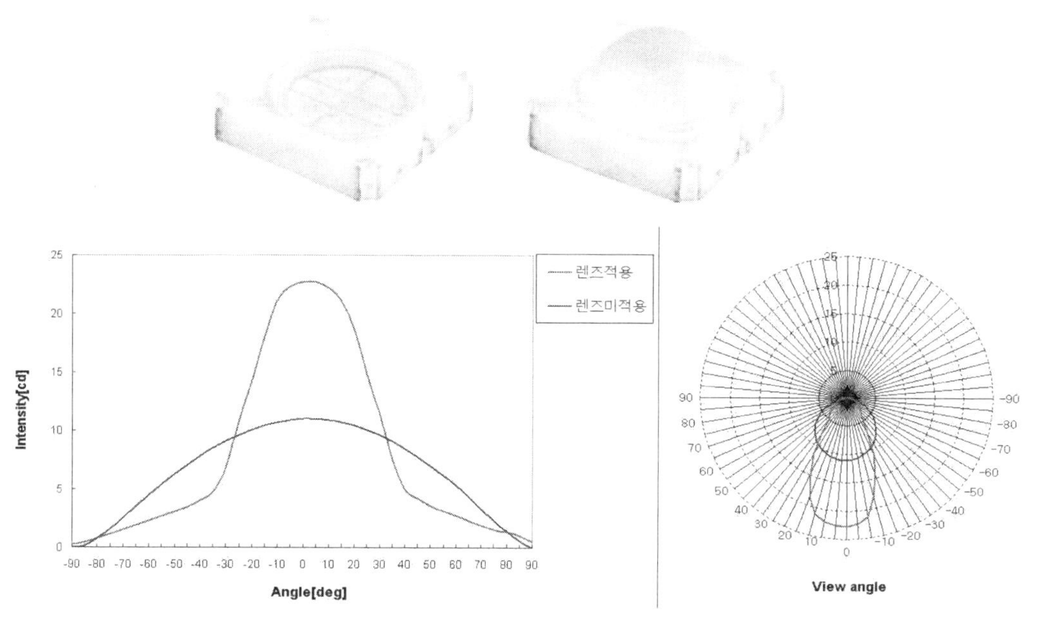

그림 1.1.7 적용 모델 및 광도 측정 결과

3. LED 조명 응용

현재 고출력화이트 LED의 발광효율은 80lm/W 이상을 나타내고 있으며, 이 값은 형광등 성능과 같은 효율로 내 외부 조명을 위한 고출력으로 사용될 수 있다. 이와 같은 기술개발 속도이면 고출력 화이트 LED의 발광효율은 2010년경에는 100lm/W, 2015년경에는 150lm/W에 도달할 것이다. 고효율 LED가 일반적으로 제일 많이 적용되는 분야는 [그림 1.1.8]과 같이 일반조명의 대체조명으로서의 역할과 핸드폰 적용분야, 신호등 적용분야, 인포메이션 적용분야, LCD 적용분야, 자동차 적용분야 등이다.

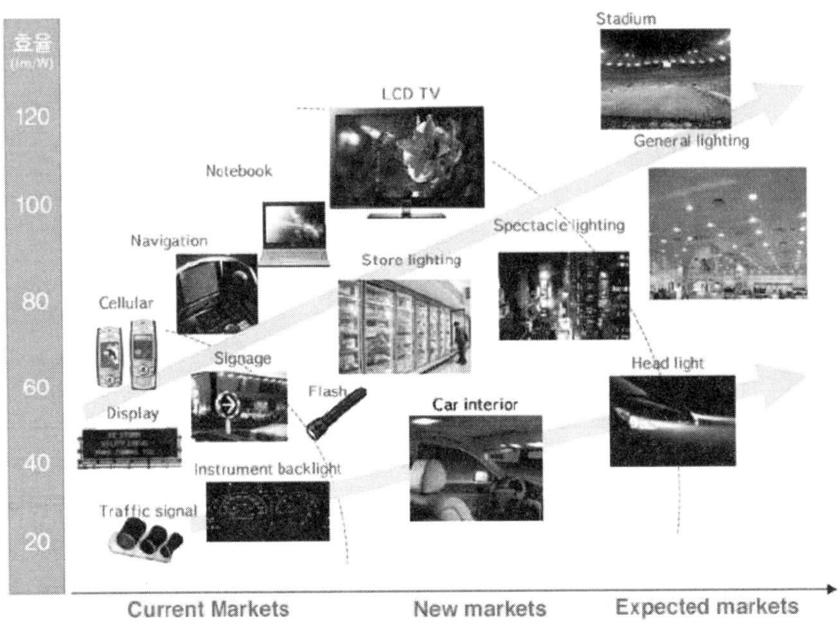

그림 1.1.8 LED 조명 응용 분야

3-1. 표시장치 분야

최근 전광판 분야의 LED 전광판 시장은 가격하락과 수요증가의 둔화로 시장의 확대가 다소 주춤하고 있으나, 해외 수출과 실내용 LED 전광판 설치로 방향이 전환되면서 활로를 찾고 있다. LED 전광판 중에서 VHS는 고속도로 표지판, 공항표지판, 은행, 주식 시세판, 지하철 안내판 등에 설치되는 가장 보편적인 LED 전광판으로 점차 영역을 확대하고 있다. ITS용 전광판의 실시간 교통정보 문자서비스 등의 경우 수년전부터 부각되기 시작하면서 각광을 받고 있다.

3-2. 신호등/자동차 분야

LED의 교통신호기 분야는 잠재 수요가 매우 높으며, 국가 차원의 획기적인 에너지 절약과 고용 창출에도 상당한 도움이 되는 부문이다. 국내 LED 신호등 시장은

LED 교통신호기, LED 안전표지, 철도용 LED 신호기와 같은 시장이 존재하고 있다. 자동차 분야에서도 기존 전구 대신 LED 소자로 급속히 대체되고 있으나 자동차용 램프의 해외 의존도는 매우 높은 실정이다. 이미 신차 및 고급자동차를 중심으로 계기판뿐 아니라 헤드라이트, 브레이크등, 방향 표시등에도 LED 채용이 증가하는 등 시장이 크게 성장하고 있다. 자동차 조명용 LED 분야는 독일의 오스람, 미국의 애질런트 테크놀로지, 일본의 니치아 등 선진 외국 업체들이 독점해오고 있지만, 최근 국내 LED 업체들의 출사표가 이어지고 있다.

3-3. 디스플레이 분야

휴대폰에는 키패드, 지시계, LCD 창의 백라이트, 카메라 폰의 플래시가 채용되고 있으며, LED 전체 시장의 절반을 차지하고 있다. LCD 창의 백색 광원을 공급하는 싸이드뷰 시장이 성장을 견인하나, 연평균 50% 이상의 판가 급락으로 인해 시장은 정체중이다. 휴대폰의 슬림화 및 LCD 창의 대형화에 따라 LED의 두께는 더욱 얇아지고, 고휘도 LED가 적용되고 있다. 최근에 출시되는 휴대폰들은 두께는 0.4mm, 휘도는 1.5cd 이상의 고휘도 LED를 채용하고 있고, 휴대폰을 이용한 동영상, 사진 촬영, 게임용 등의 사용이 증가함에 따라 기존 Blue LED에 Yellow 형광체를 적용하는 방식에서 색재현성을 높일 수 있는 Blue LED + Red/Green 형광체를 적용한 White LED가 채용되고 있다. 중대형 LCD BLU용 LED로서의 사용은 LCD는 자체 발광을 하지 못하므로, 판넬 하단부, 혹은 사이드부분에 LED칩을 이용한 백라이트를 통해 백색 광원을 공급 한다. LCD 백라이트용 LED는 휴대폰과는 달리 LCD 창의 사이즈가 수십 배로 대당 적용되는 LED의 수량이 매우 크다. 대부분의 LCD가 CCFL을 사용하였으나, LED의 광효율 향상, RoHS 등의 환경 규제로 인해 LED를 백라이트 광원으로 적용한 제품의 개발과 출시가 삼성전자와 LG전자에서 급격히 이루어지고 있다. LED는 CCFL 대비 고가이므로 가격 경쟁력 확보가 우선적으로 해결해야 할 문제이다. 업계에서는 LED의 기술 개발 속도 및 판가하락 속도가 커서 올해를 기점으로 LCD의 백라이트 광원으로 LED 사용이 가속화 되고 있다.

3-4. 일반조명 분야

일반 조명용 LED는 향후 성장성으로 보아 LED 최대 시장이 될 것이다. 100lm/W 이상의 광효율 달성이 예상되는 2011년 이후에는 형광등 대체가 가능할 것이며, 시장의 괄목한만한 성장이 예상된다. 세계 조명 시장은 Lamp 기준 약 10조원이며, 지역별로는 북미 49%, 일본 8%, EU 26%의 분포를 보인다. 에너지 절약/환경문제에 대한 관심이 고조되며, 조명 산업에 대한 중요성이 세계적으로 확산되고 있는 실정으로 주요 조명업체는 시장 선점을 위해 LED 조명을 집중 육성중이다. 필립스는 미국 Lumileds를 2년 전에 100% 지분 확보하였고, Osram은 Osram Opto Semiconductor에서 LED를 집중 육성하고 있으며 GE사는 미국 Gelcore에서 조명용 LED를 개발하고 조명 업체인 호주의 Tridonic과 LED 업체인 일본의 Toyoda Gosei는 조명용 LED 사업을 위해 합작벤처를 설립 하였다. 국내 조명용 LED 분야는 에너지 절감, 환경문제 등 범국가적 문제와 맞물려 형광등, 백열전구 대체재로써 지속적으로 성장할 것으로 전망된다. 우리나라는 2015년까지 LED 조명의 비중을 30%까지 보급하는 것을 목표로 삼고 있으며 정부는 LED 조명시장 발전을 위해 'LED/반도체 조명산업발전전략' 과 'LED조명 15/30 보급 프로젝트'를 추진하고 있다. 현재, 조명분야에 사용 되는 LED는 건축조명, 환경조명, 간접조명 등 특수한 분야에 사용되고 있으며, 시장 규모는 전체 LED 시장의 5% 정도에 지나지 않는다.

3-5. 의료조명 분야

의료조명에서는 통증치료기에는 적외선 LED, 피부노화치료 기기에는 황색 LED,

치과용 UV 광중합기에는 UV와 청색 LED, 메디컬플래쉬, 메디컬 일루미네이션, 스코우프광원 등에는 백색광원이 사용된다. 피부치료에 사용되는 LED광원을 예를 들면, 특정 파장의 빛은 다양한 광학적 특성을 나타내는데, 특히 단색광 성질인 425nm, 660nm, 830nm대역 3파장은 피부치료에 필요한 살균, 진정, 재생에 관여하는 파장대역으로 매우 필요한 파장대역이다. 빛을 이용한 치료원리는 광역학반응, 광생체자극반응, 광열생체자극 반응을 이용하는데 광역학 반응에는 순수 청색 파장대역인 415nm가 관여해, 항바이러스 효과가 있어서 여드름의 원인균, 피부의 정상 상재균인 P-Acne을 박멸할 수 있는 기능이 있으며 P-Acne을 잡기위해서는 99% 순수한 청색파장대역의 광원이 필요하다. 광생체 자극반응에는 적색 파장인 660nm 파장대역이 관여하게 되는데 이 파장대역은 혈액순환을 촉진시키는 작용을 하여 Cystic Acne, Ph조절, 진정작용, 재생 등에 이용된다. 광열생체자극반응에는 IR 파장대역인 830nm 파장이 관여하게 되며 세포를 자극하게 되면서 세포재생, 가용성 콜라겐생성, 엘라스틴생성을 유도하게 되어 잔주름 완화와 미백, 되 젊어지게 한다. 세 가지 파장대역을 적정하게 이용함으로써 대상포진, 단순포진, 아토피피부염, 모발관리, 여드름 등의 치료에 응용할 수 있다. 즉 선택적인 광파장을 발생시켜 광역학반응과 광반응, 광열반응의 단계적인 과정을 거치게 되고 또한 선택적인 과정으로 박테리아의 살균으로 인한 박멸, 혈액순환의 촉진으로 인한 신진대사의 증대와 세포분열증가, 교원섬유의 합성증진으로 피부가 빠른 시간 내의 진정 효과와 재생이라는 과정이 이루어지게 되는 형태이다. 색채치료란 색의 에너지와 성질을 이용해 심리치료와 의학에 활용하는 요법으로 색채는 심리뿐만 아니라 물리적인 신체활동이나 질병의 경과에도 많은 변화를 일으킨다. 컬러 중에서 각자에게 잘 맞는 컬러를 찾아내고 이용함으로써 심신의 균형과 조화를 찾아내는 것이 목적으로 컬러가 가진 에너지를 이용하여 각자 체질과 상태에 맞는 컬러를 찾아 심리적 안정감, 집중력 강화 효과, 신체 밸런스 조율, 유지에 활용한다. 밝고 화사한 색은 기분을 좋고 들뜨게 해주며 따뜻한 색은 일반적으로 원기를 북돋고, 차가운 색은 사람을 차분하게 만들고 어둡거나 칙칙한 색은 대개 기분을 침울하게 만든다. 흥분된 상태에서는 마음을 차분하게 가라앉혀주는 파란색을 이용하여 교감 신경계에 작용하도록 하고 무기력하고 활력이 없을 때는 주홍색을 이용하여 뇌와 동맥에 자극을 주어 활력을 되찾을 수 있도록 한다. 분홍색은 몸의 진동을 높여 활력을 주고 오렌지색은 뇌자극과 염증 감소효과, 스트레스 해소와 심리적 안정, 의욕 상승 등의 몸의 기능을 정상화하도록 도와주는 기능을 갖는다. 레몬색이나 노란색은 기억력을 높이는 기능, 빨강색은 적혈구 증가와 모발과 두피 혈액순환 개선효과 및 온열 작용이 있고 녹색은 모세혈관 순환 개선, 파란색은 근육긴장 감소와 진정작용, 보라색은 뇌를 자극하여 신체 밸런스를 조절하고, 머리를 맑게 하며 두뇌활동의 안정에 기여하여 정신적 스트레스 감소하며 만성피로감을 개선하는 등 다양한 색채를 이용한 심리치료에 활용되어지고 있다. 이외 특수조명 사용으로는 가시광선을 이용한 통신, 고신뢰성을 요구하는 군수 및 우주 분야와 카메라의 오토포커스를 위한 보조광원, 터널광고, 감성조명 등 다양하게 적용될 수 있다.

3-6. 기타조명 분야

LED는 일반 조명뿐 아니라 살균, 노광 및 감식을 위한 UV로서의 사용, 식물재배나 해충의 퇴치를 위한 조명, 바다에서 어류를 유인하기 위한 광원, 의료용 및 피부미용을 위한 광원, 심리치료를 위한 특수한 목적에서의 사용 등 점차 사용용도가 넓어져가고 있다. 살균용 UV광원은 인위적으로 살균 목적에 맞는 UV파장대를 형성하는 것이다. 태양으로부터 지구로 직접 전달되는 UV형태는 UV-A(320~400nm), UV-B(280~320nm), UV-C(100~280nm) 3가지가 있으며 전달도중 대기 중의 오존층에서 대부분 흡수된다. UV-A는 지구표면에 도달하는 99%형태로 식물에 아주 미약한 영향을 미치며 UV-B는 식물 조직의 손상과 인간에게 피부암유발을 일으킬 수 있는 파장대역이고 UV-C는 박테리아와 바이러스를 태워 죽일 수 있는 파장대역이다. 살균에 쓰이는 파장은 UV-C파장대역으로 이 중에서도 253.7nm 파장은 박테리아나 바이러스의 DNA에 가장 치명적으로 작용하여 99.5%이상 죽이거나 무해하게 변화시켜 번식을 방지 한다. 다른 살균법과 비교해 소독하는 시간이 짧으며(박테리아의 경우 3~7초), 약품을 사용하는 방식과 달리 소독 후에 잔존물이 남지 않는다는데 장점이 있다. 자외선 살균의 특징으로는 모든 세균류에 유효하며 피조사물에 거의 변화를 주지 않아 과일이나 채소류에 조사하여도 산도나 미네랄의 파괴가 없으며 조사받은 균에 내성을 주지 않고 사용방법이 간단하기에 인위적으로 살균 파장대에 맞는 UVLED를 제작하여 UV살균기로서 응용할 수 있다. 이외에도 UV조명으로서 사용되는 분야는 UVLED를 이용한 위조 화폐 및 신분증 여권 등의 검사에 이용할 수 있으며 반도체 노광장비 및 반도체 검사장비 등에 사용될 수 있다.

LED의 농어업 적용분야는 농업분야의 식물 및 미생물 생장을 위한 조명과 해충퇴치기능 등이 우선시되고 어업분야에서는 오징어나 갈치 등의 집어등, 부표 광원 등이 있다. 식물조명에서는 종래 인공광원에 비하여 식물의 광합성 및 생장에 필요한 파장대역만을 갖는 단색광과 소형으로 패널화가 가능하여 growth chamber와 같이 비교적 좁은 공간에서도 활용이 가능하며, 전력 소모량이 적고 열선을 방사하지 않아 식물에 해를 미치지 않고 수명이 길어 오랫동안 사용할 수 있어 반도체를 이용한 견고한 패키지로 습기가 많은 식물재배에 적합하다. 식물은 특정 파장대역별로 반응이 상이한데 적색 파장은 식물의 성장을 촉진시키고 청색은 줄기의 성장이 억제되고 잎이 넓고 크게 되므로 적색과 소량의 청색을 조합시키면 높이에 비해 잎을 넓고 크게 만들 수 있다. 녹색을 사용하게 되면 엽록소에서 광흡수가 적어 광합성 및 성장이 억제되어 잎이 가늘고 길게 된다. 식물은 기본적으로 광합성에 의하여 성장하고 그 외에 주요한 광반응으로는 광형태 형성의 강반응과 약광반응이 있으며 피토크롬이라는 색소의 움직임을 통하여 종자발아, 꽃눈분화, 개화,

자엽의 전개, 엽록소합성, 절간 신장 등의 질적 변화가 유도된다. 광합성에는 클로로필이라고 하는 색소가 관련하는데 특히 적색(660nm 부근)과 청색(450nm 부근)에 2개의 흡수피크가 있어 이파장이 특히 유효하게 작용하며 적색광과 청색광이 균형 있게 배합되어 있어야 식물의 건전한 생육이 가능하다. 적색광을 이용한 광합성촉진과 개화조절 외에도 초적색광을 이용한 과실수나 당도나 사포닌의 증가, 녹색광을 이용한 곰팡이발생억제, 미세한 조도조절의 버섯류재배, 미생물 배양 등 다양한 농 생물에 LED 적용이 가능하다. 해충방제를 위한 LED조명은 해충이 좋아하는 빛인 수은색 등의 낮은 파장을 이용하여 해충을 유인하여 포집하는 방법과 해충이 싫어하는 580~620nm대역의 LED조명을 이용하여 쫓아내는 방법이 있다. 현재는 자연의 생태계를 파괴하지 않는 후자의 방법에 대하여 연구되고 있다. 우리나라의 경우 해충방제는 전적으로 화학농약에 의존하고 있는데 화학농약의 부작용인 자연평형파괴와 동식물 체내축적으로 환경오염의 주범으로 인식되어 사회적 반감이 증대하면서 점차 화학 농약에 대한 거부감과 친환경 농산물이 선호되고 있다. 일본에서는 각종 형광램프의 효과를 비교하였고 고압 나트륨 등 조명을 이용하여 해충의 과실 흡즙, 산란, 교미 등을 억제하는데 효과를 보고 있다. 대부분 노지에서 재배되는 과채류보다 시설물 안에서 재배되는 과채류에 행해지는 농약 살포횟수가 많기에 LED조명을 이용하여 해충을 쫓아내는 기술은 먹이사슬을 끊지 않고도 활용될 수 있어 매우 중요할 것이다. 오징어집어등에 사용되는 LED는 바닷물의 빛 흡수력이 청색에서 가장 낮아 50m정도의 물속에서는 blue LED와 메탈 핼라이드 램프가 비슷한 밝기로 보이고 오징어가 가장 잘 인식하는 빛의 파장 대역 및 플랑크톤이 잘 따르는 청색 계열 파장대를 사용한다. 실질적으로 어선의 어업을 위한 메탈핼라이드 구동과 조업을 위한 발전기구동에 소요되는 유류비를 LED를 사용함으로써 전력소모를 대폭 줄일 수 있으므로 유류비를 감소시키는 장점이 있다.

제2절 Lightscape를 이용한 실내 조명시뮬레이션

개요

조명시뮬레이션이란, 가상환경에 조명 속성 값을 적용하여 예상되는 조명 결과 값을 예측하는 것이다.

이러한 조명시뮬레이션에는 필요한 기본적인 조건이 몇 가지 있다.

(1) 조명기구 배광곡선 데이터(IES file 등)

(2) 모델링 데이터(2D, 3D 설계도면)

(3) 각종 재질 속성 데이터(반사율, 투과율 등)

특히, (1) 조명기구 배광곡선 데이터가 없으면 조명시뮬레이션은 시작이 안되며, 무의미한 그림이 될 수밖에 없다.

Lightscape는 3D 모델링 자료에 조명기구 데이터를 적용하여 조명계산과 랜더링을 보여주는 프로그램으로 특히 조명계산 후 랜더링 기능이 뛰어나다.

일반적인 조명프로그램과의 차이점을 말하자면,

(1) 자체 모델링 툴이 없으므로, 외부에서 3D 모델링 데이터를 생성하여 적용해야 하고,

(2) 적용된 모델의 면에 대하여 인식하는 면의 방향성을 설정해 주어야 하며

(3) 결과물 출력 시스템이 없다.

그 외에는 여러 조명프로그램과 같은 작업과정으로 조명계산이 이루어진다.

프로그램의 진행순서는 다음과 같다.

(1) 모델입력

(2) 표면의 방향성 설정

(3) 재질 속성 입력

(4) 블록 입력 및 속성 입력

(5) 등 기구 입력 및 속성 입력

(6) 조명 계산 및 결과물 확인

본 교재의 절차를 마치고, 다양한 배광데이터와 재질속성의 변화에 따라 결과물이 어떻게 변하는 지 활용해 보길 바란다.

본 교재는 Lightscape 초보입문자를 위한 교재로, 실내 조명시뮬레이션과 실외조명시뮬레이션에 대하여 실습예제를 통해 프로그램을 설명하였다. 프로그램을 이해하고, 활용 하는 곳에 도움이 되었으면 한다.

1. 프로그램 시작 및 데이터 입력하기

▷ 모델링입력

1.1. File〉 import〉 dxf 선택하고, Browse를 클릭하여 예제파일인 OFFICE2.dxf을 선택하고, 그림 1-1과 같이 "File Units: Millimeters"를 설정한다.

: File Units를 모델링 작업할 때 적용했던 단위인 [mm]로 맞춘다.

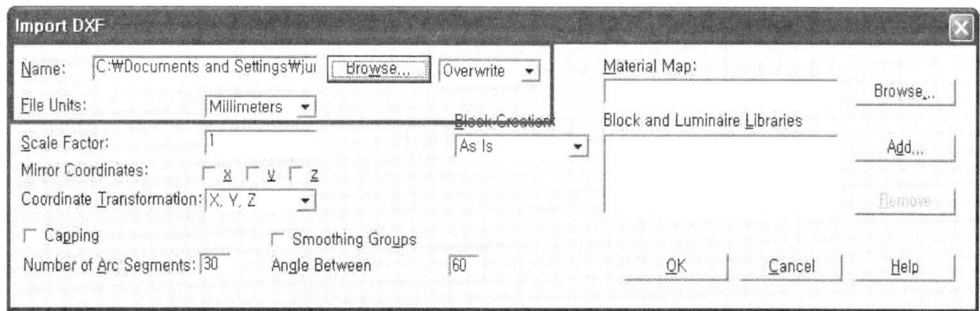

그림 1.2.1 데이터 불러오기

1.2. 입력된 개체가 그림 1.2.2와 같이 6,500×15,000×2,600[mm]임을 확인하고, Yes 클릭한다.

그림 1.2.2 모델의 크기 확인

▷ 바탕화면 및 선 색상설정

1.3. File〉 Properties를 선택하여 "Document Properties"박스를 불러들인다.

1.4. 그림 1.2.3와 같이 "Color"탭으로 이동한다.

: 작업화면 상의 바탕화면, 선 및 메쉬 색상을 설정한다.

1.5. 그림 1.2.3의 3번의 슬라이드 바를 이동시켜서 색상을 설정하고, 설정된 색상은 2번창에 그대로 나타나게 되며, 화살표를 클릭하여 원하는 항목으로 이동시켜서 바탕화면, 선 및 메쉬의 색상을 변경한다.

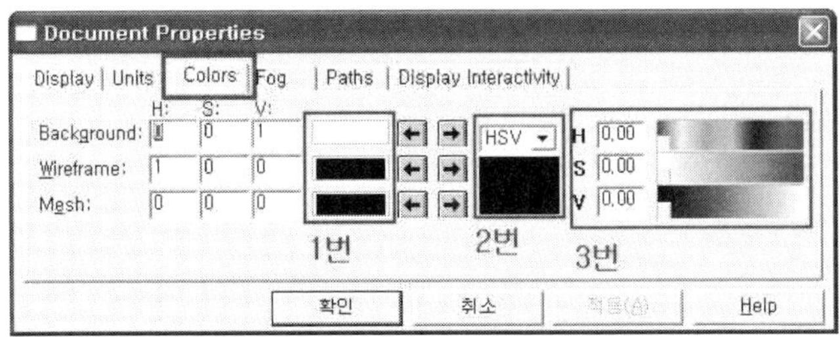

그림 1.2.3. "Document Properties"

☞ 작업시에 확인하기 용이하도록, 그림 1.2.4와 같이 바탕화면은 백색, 선 및 메쉬는 검정색으로 설정한다.

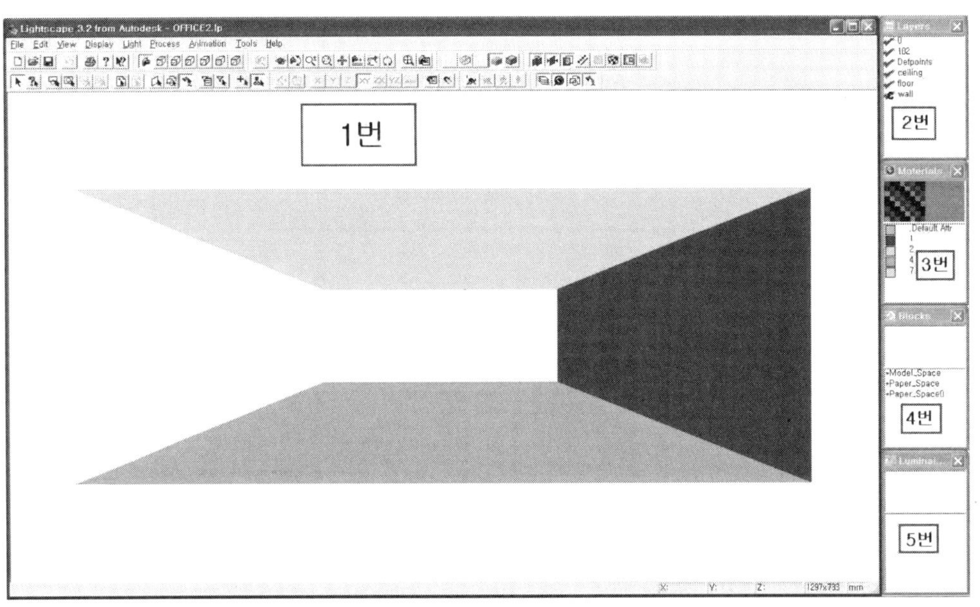

그림 1.2.4. 화면색상 설정 후 입력된 데이터(Lightscape의 전제화면)

☞ Shading Outlined을 클릭한다. 각 면의 고유색상을 띄게 된다.

☞ 그림 1.2.4의 전체화면 설명

① Graphic Windows : 주작업화면

② Layers table : 모델을 이루는 모든 Layer 모아둔 창

③ Materials table : 모델을 이루는 각 표면을 색상별로 모아둔 창

④ Blocks table : 모델을 이루는 블록을 모아둔 창

⑤ Luminaires table : 블록에 등기구 속성 데이터가 입력된 개체를 모아둔 창

1.6. Tools〉 Toolbars 선택하여 모든 Tool을 선택한다.

: 커서를 올려놓으면 그 아이콘에 대한 명칭 및 버튼 정보가 나타난다.

: 능숙한 작업을 위해 ② Projection ③ View control, ⑥ Selection등을 익숙해지는 것이 편리하다.

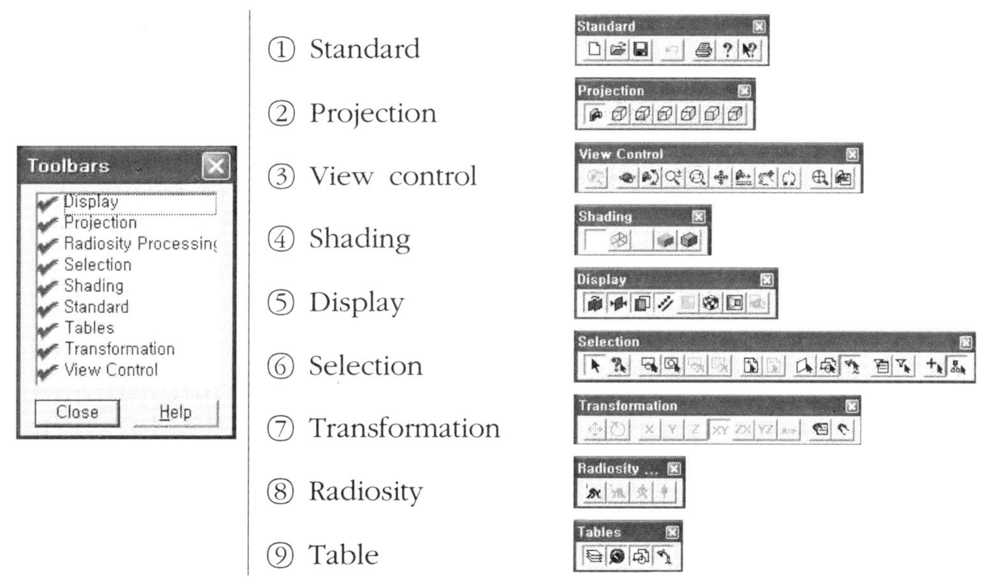

그림 1.2.5 Toolbar

2. Orientation

▷ **표면의 방향설(모델링 시 연두색은 피할 것)**

: Lightscape는 표면의 방향을 인식한다. 기본적으로 한 면에 대하여 인식하는 면과 인식하지 않는 면으로 구분을 한다. 인식하는 면은 모델링시의 color를 표현하고, 인식하 지 못하는 면은 연두색으로 표현(culling off 경우)하거나 아예 표현하지 않는다.

: 모든 조명계산은 인식하는 면에서 이루어진다. 즉, 조명계산이 필요한 부분의 면은 모두 인식하는 면으로 변경시켜야 한다.

▷ **표면의 방향설정하기**

: 실내조명 시뮬레이션이므로, 표면의 양면 중에서 내부의 면을 인식하도록 방향을 설정할 것이다.

2.1. (Perspective View), (Outlined), (View Extents) 클릭하고, (View Setup)을 클릭한다. 그림 1.2.6와 같이 나타난다.

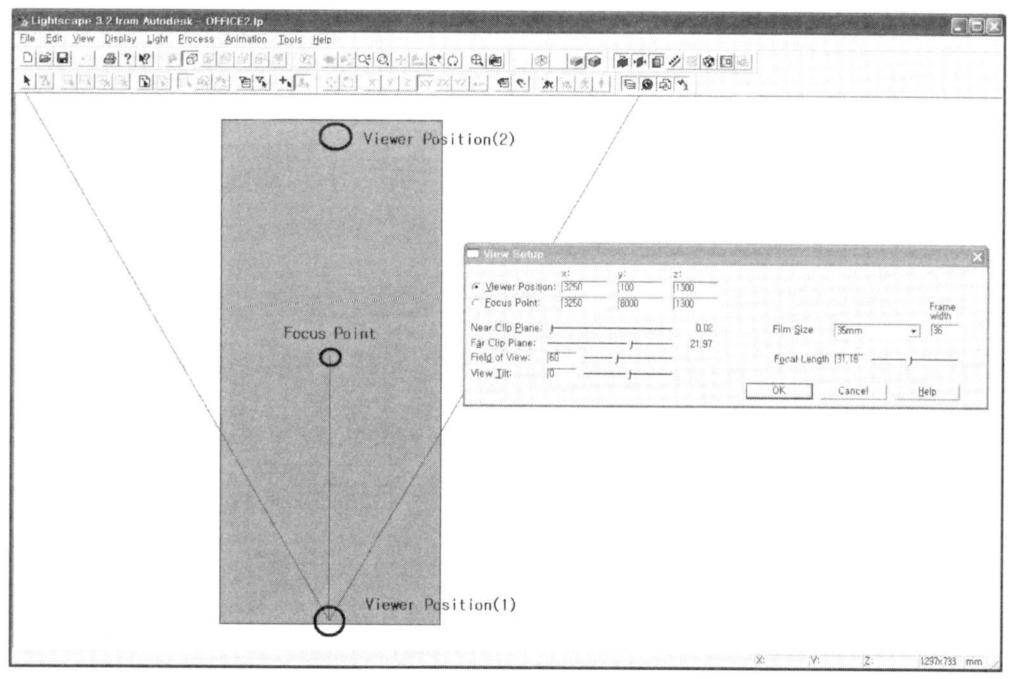

그림 1.2.6 View setup

2.2. "View Setup" 설정 창에서 그림 1.2.7과 같이 "Viewer Position(관찰 자 위치) : x 3,250/ y 100/ z 1,300", "Focus Point(초점 위치) : x 3,250/ y 8,000/z 1,300", "Near Clip Plane : 0.03(슬라이드 바를 맨 좌측으로 이동)", "Far Clip Plane : 15 이상 부근으로 이동", "Field of View(시야각도) : 60", "View Tilt(관찰자의 각도): 0"로 기입한다.

: 그림 1.2.8과 같이 뷰가 설정된다.

☞ 입력된 실내 공간 모델의 크기는 6,500×15,000×2,600[mm]이므로, Viewer Position (관찰자 위치)는 실내 공간 내부에 있도록 설정한다.

View Setup

	x:	y:	z:
Viewer Position:	3250	100	1300
Focus Point:	3250	8000	1300

Near Clip Plane: 0.02

Far Clip Plane: 21.97

Field of View: 60

View Tilt: 0

Film Size: 35mm　Frame width: 36

Focal Length: 31.18

OK　Cancel　Help

그림 **1.2.7** View setup 설정

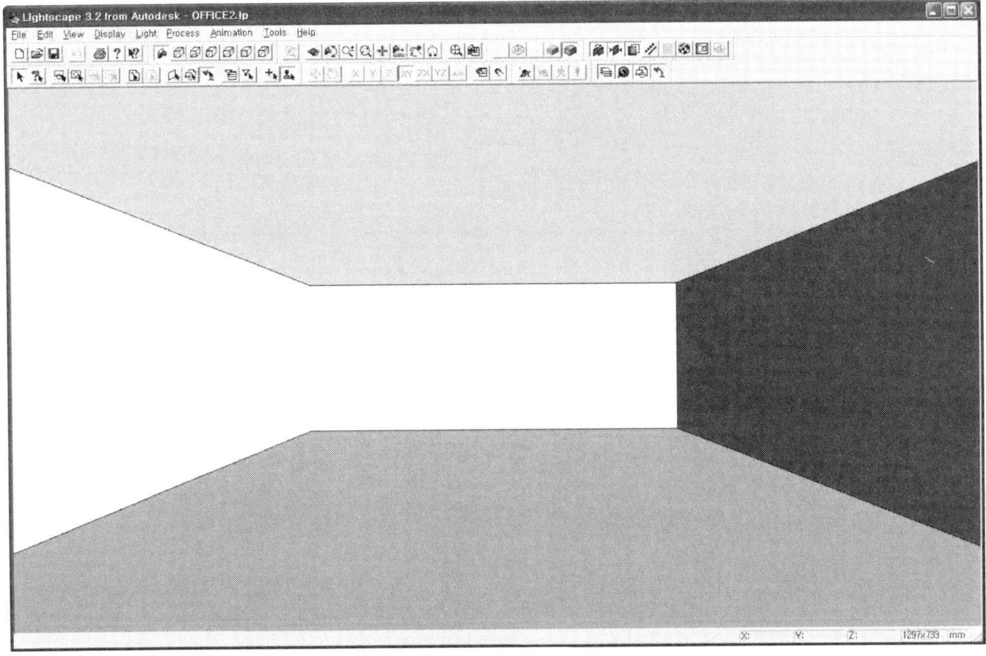

그림 **1.2.8** View Setup 설정 후 적용

2.3. (Select), (Surface)를 클릭한 후 화면상에 나타난 임의의 면을 선택한다.

2.4. 그 상태에서 마우스 우측버튼을 클릭하여 Orientation을 클릭한다.

: 그림 1.2.9 참조

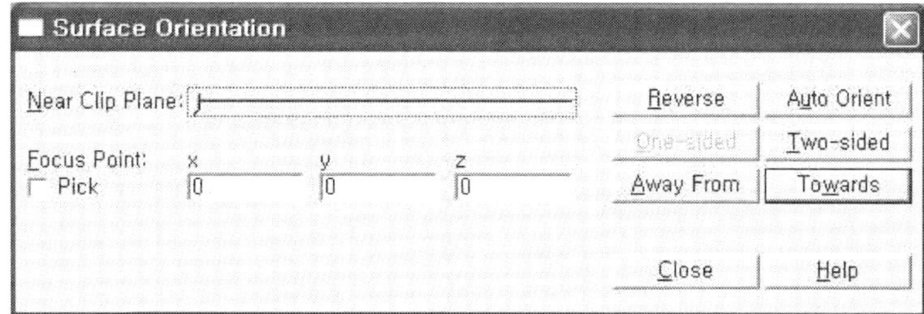

그림 1.2.9 Surface Orientation

☞ Reverse - 선택한 면을 클릭할 때 마다 인식상태를 반전시킨다.

Auto Orient - 화면에 보이는 모든 면을 인식하는 면으로 변경시킨다.

2.5. Surface Orientation box가 나타나고, 화면의 연두색 면이 나타난다.

2.6. 그 상태에서 Surface Orientation box에서 우측상단의 Auto Orient 버튼을 클릭한다. 또는 연두색인 면을 선택하여 "Reverse" 버튼을 클릭하여 선택된 면에 대하여 면의 속성을 반전시킨다.

: 연두색의 색상이 사라지고 본래의 색상으로 변경됨을 확인한다.

: Surface Orientation box는 그대로 둔다.

2.7. 다시 [아이콘]을 클릭하고 "View Setup" 박스에서 "Viewer Position"을 선택하고, 그림 1.2.6를 참고하여, 모델의 상단인 "Viewer Position(2)" 부분을 클릭하고 OK를 클릭한다.

: 화면에 연두색 부분이 있는지 확인하고, 표면의 속성변경이 완료되면 Surface Orientation box를 닫는다.

2.8. 를 클릭하여 전체보기를 한 후, 을 클릭하여 모델을 둘러본다.

: 각 면의 색상이 표현된 내부 면을 볼 수 있다

: (Orbit)은 영문 "o"를 누른 채, 마우스 좌측버튼을 누른 상태에서 화면을 움직이면 커서를 따라서 모델이 움직이게 된다.

2.9. 둘러본 후, , , , 를 클릭하여 다음 단계를 준비한다.

3. 데이터 재질속성설정하기

3.1. (Query mode), 를 클릭한 후, 노란색의 천정 면을 선택한다.

: Layers table과 Materials table에 해당되는 개체가 청색으로 표시된다.

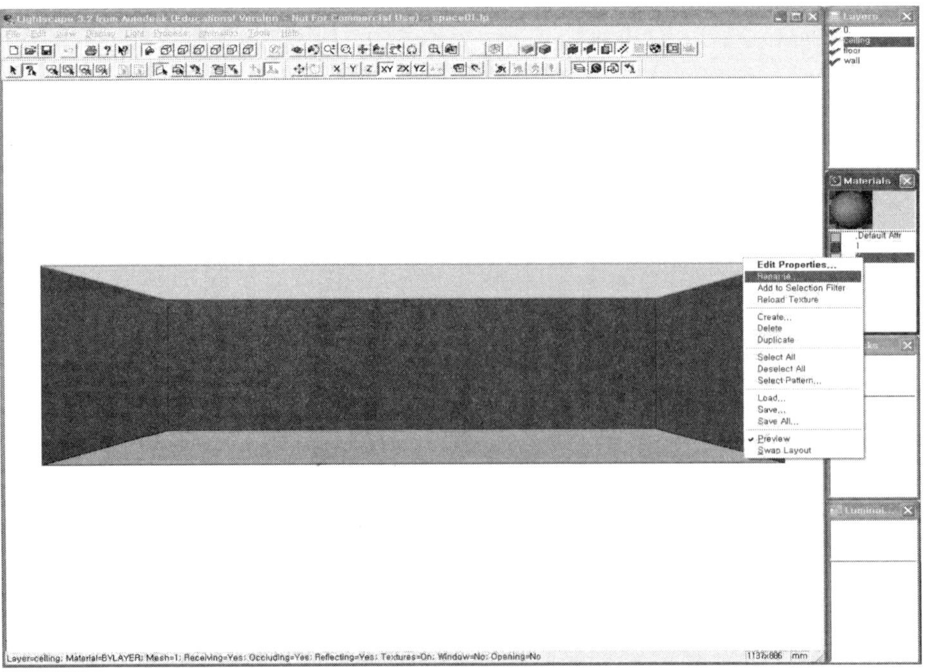

그림 1.2.10 rename

3.2. 그림 1.2.10와 같이 Materials table에 있는 "2"에서 마우스 우측버튼을 클릭하여 Rename을 클릭한다. 그리고 Layers table에 활성 된 명칭과 같은 "ceiling"으로 수정한다.

3.3. Materials table의 "ceiling"을 더블클릭하거나, 우측버튼을 클릭하여 "Edit Properties"를 클릭하여 Material Properties box를 불러들인다.

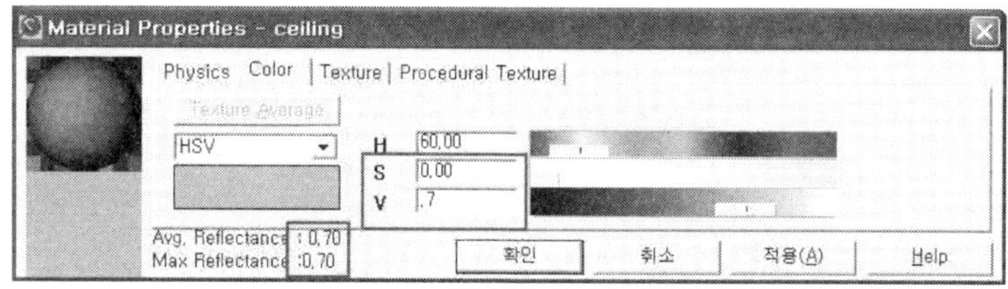

그림 1.2.11 Material Properties box

3.4. 그림 1.2.11과 같이 Color 탭으로 이동하여 S: 0, V: 0.7로 수정하고 적용버튼을 클릭한다.

: Material Properties box의 하단을 보면, V값의 조절로 재질의 반사율이 조정됨을 알 수 있다. 재질의 반사율은 실내조명 시뮬레이션에서 조명계산에 영향을 주는 중요한 요소이다.

3.5. 벽면과 바닥면에 대해서도, 각각 "wall", "floor"로 명칭을 변경 후, Material Properties box를 불러들여 wall S: 0, V: 0.5, floor S: 0, V: 0.2로 수정하고, 확인을 클릭한다.

3.6. 항목정리를 위하여, Layers table과 Materials table에 "ceiling", "wall", "floor"를 제외한 삭제가 가능한 기타항목을 삭제 한다.

: 기타항목을 선택하여 마우스 우측버튼을 클릭, "Delete"를 클릭하여 삭제 한다.

3.6. 으로 모델을 둘러본다. 둘러본 후, , , , 를 클릭하여 다음 단계를 준비한다.

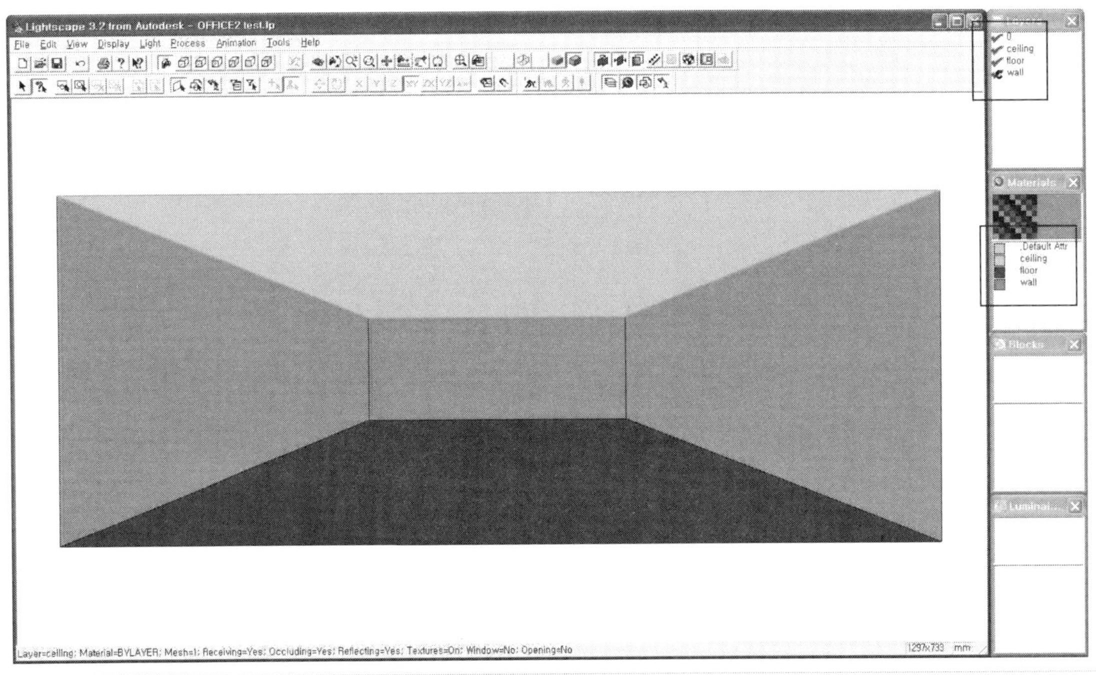

그림 **1.2.12.** Rename

4. 블록개체 불러들이기

: 4,500×13,000[mm]인 가상 면을 높이 800[mm]에 위치시킨다.

: 가상 면은 6,500×15,000[mm]인 바닥면 크기에 안쪽으로 1,000[mm]씩 offset 된 크기로 설정한다.

4.1. Blocks table에서 마우스 우측버튼을 클릭하여 Load를 선택한다.

☞ test plane.blk를 더블클릭하고, 그림 4-1.와 같이 나타난 박스에서 test를 선택하고 OK를 클릭한다.

: 클릭과 동시에 "test"에 해당하는 항목이 Layers table과 Materials table에 생성된다.

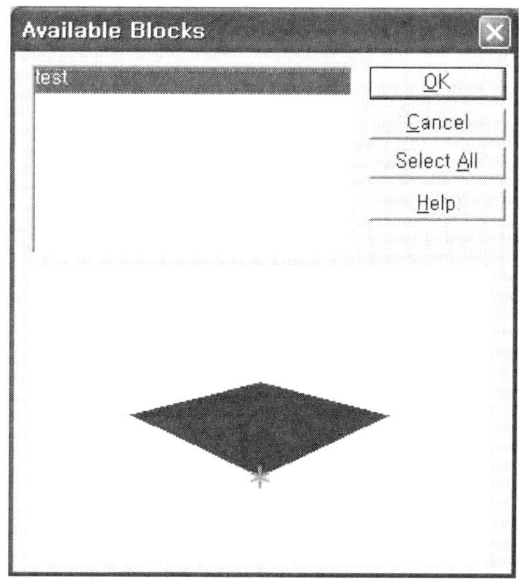

그림 1.2.13 Available Blocks

4.2. Layers table의 test를 선택하고 마우스 우측버튼을 클릭하여 make current를 클릭하여 test layer를 현재면으로 만든다.

4.3. Blocks table에서 test 블록을 클릭하여 메인화면으로 드래그 한다.

4.4. , 를 클릭하고, test 블록을 클릭한 후, 마우스 우측버튼을 클릭하여 "Transformation"을 선택한다.

4.5. Block 선택이 잘 되지 않는 경우에는 으로 모델을 움직여서 불러들인 test 블록을 클릭한 후, 마우스 우측버튼을 클릭하여 "Transformation"을 선택한다.

: , 를 클릭하여 화면을 정리한다.

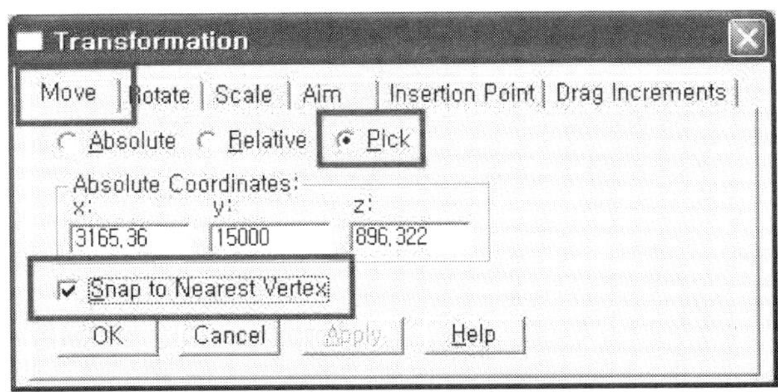

그림 1.2.14 Block Transformation/ move/ pick

4.6. 그림 1.2.14과 같이 Move 탭으로 이동한 후, Pick, Snap to Nearest Vertex를 클릭한다.

☞ 일반 면과 블록의 차이점은 일반 면은 적색 테두리로 선택되고, 블록은 적색 테두리에 인서트 포인트(연두색 십자)가 함께 나타난다. 이 인서트 포인트를 중심으로 이동, 회전, 스케일 조절 등이 된다. 이와는 달리, 일반 면은 상대좌표 이동만 할 수 있다.

4.7. 그림 1.2.15와 같이 모델 공간의 좌측하단 모서리를 클릭한다.

: 좌표가 (0,0,0)이 됨을 확인한다.

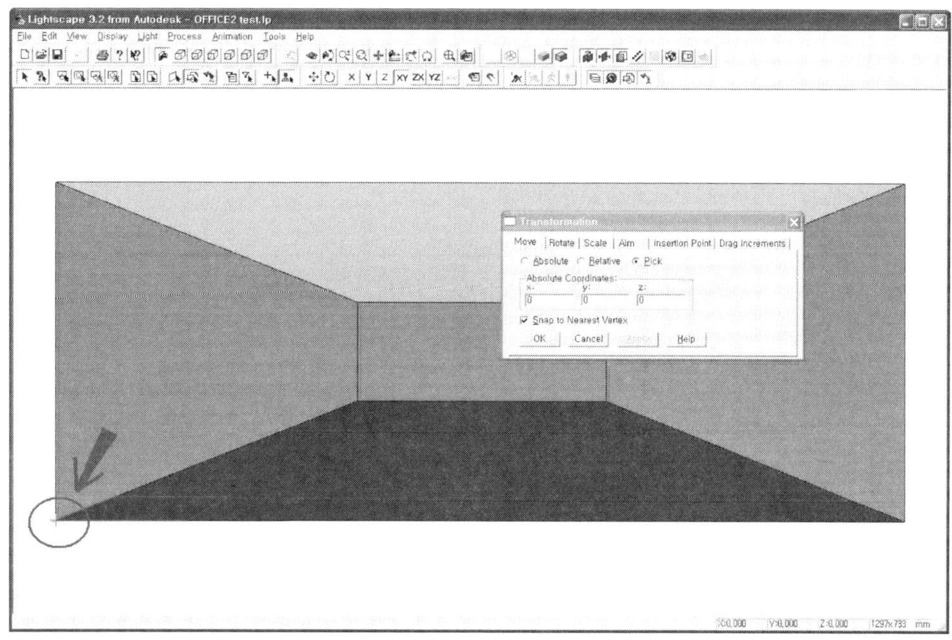

그림 1.2.15 Block Transformation/ move/ Pick/ Snap to Nearest Vertex

4.8. 그림 1.2.16과 같이 Move 탭에서 x : 1000, y : 1000, z : 800을 기입하고 Apply를 클릭한다.

: (top veiw), 를 클릭하여 평면도상태로 모델을 확인한다.

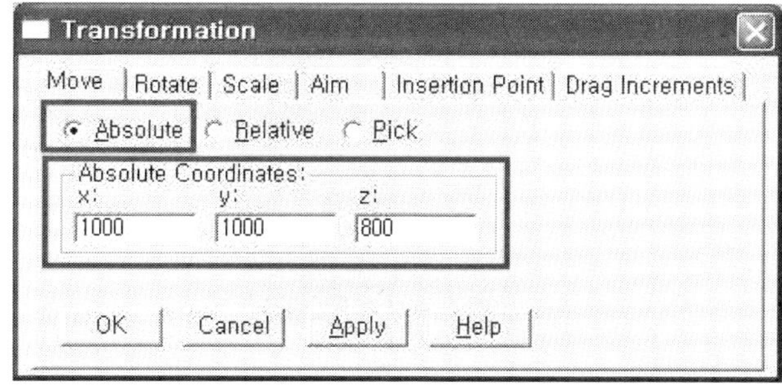

그림 1.2.16. Block Transformation/ move/ absolute

4.9. 그림 1.2.17과 같이 test 블록의 크기를 조절한 후 OK를 클릭한다.

: 구석진 부분의 현저히 낮은 조도 구간을 배제하기 위하여 벽면에서 1미터 씩 안쪽으로 위치하도록 크기를 조절한다.

: 현저히 낮은 조도는 평균조도의 저하를 초래한다.

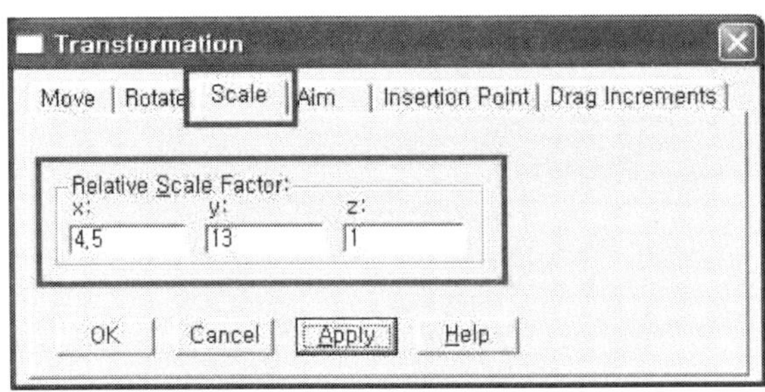

그림 1.2.17 Block Transformation/ scale

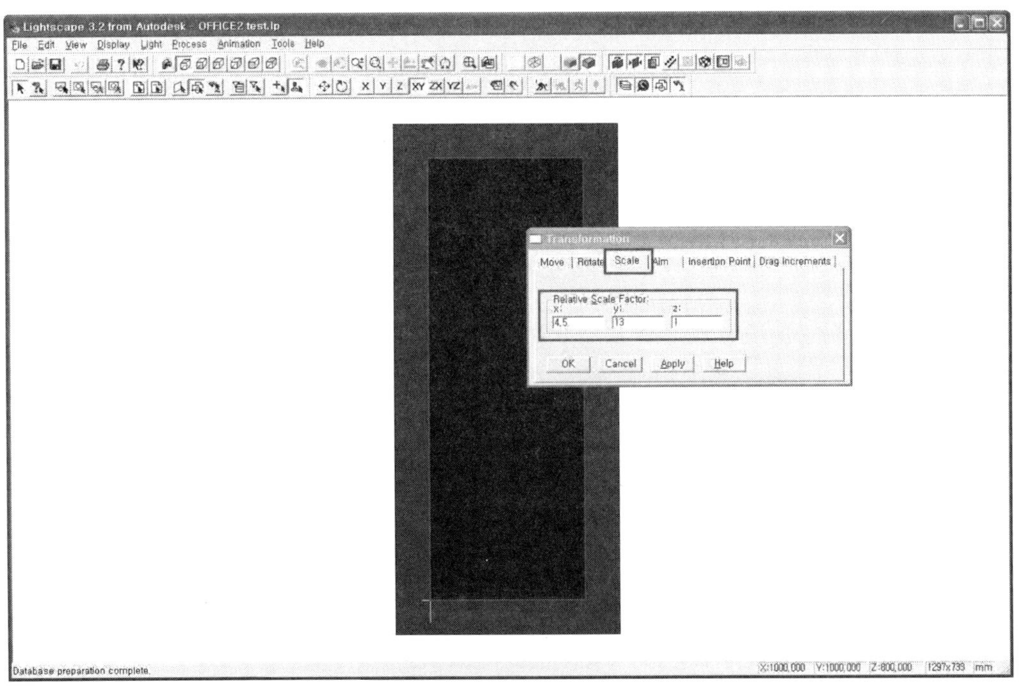

그림 1.2.18 가상면 위치 설정(top view)

4.10. [icon], [icon]를 클릭하여 화면을 정리한다.

4.11. , 를 선택하고, test 블록을 클릭한 후 마우스 우측 버튼을 클릭하여 Surface processing을 선택하여 그림 1.2.18와 같이 설정한 후 OK를 클릭한다.

: 빛을 차단, 반사를 하지 않고 오로지 빛을 받기만 하는 가상 면으로 만드는 작업이다.

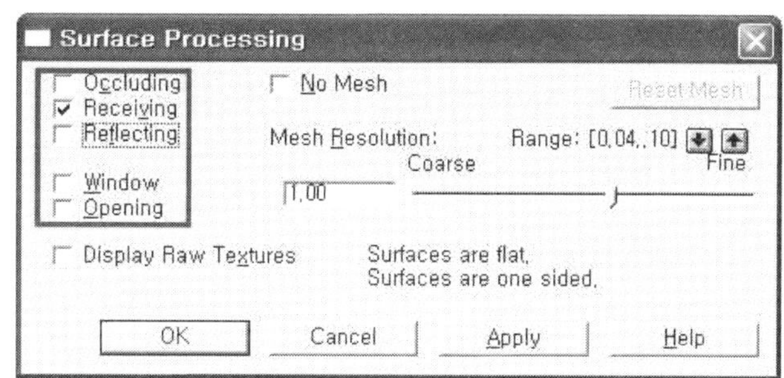

그림 1.2.18 Surface Processing(가상면 속성설정)

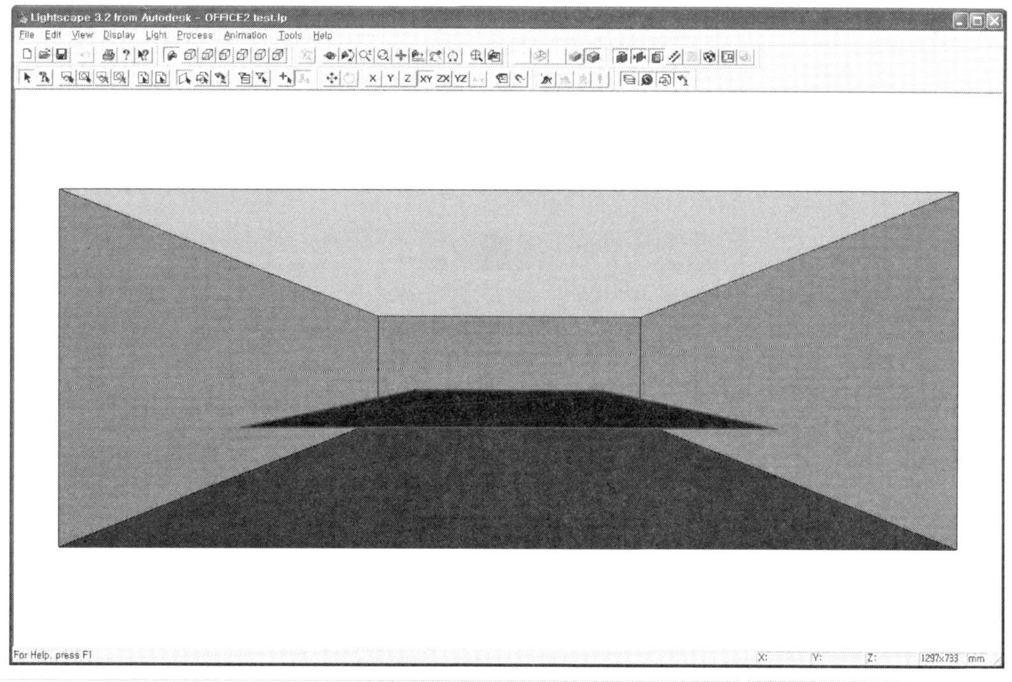

그림 1.2.19 가상면 설정 완료

5. 등기구 개체 불러들이기

☞ Blocks table 또는 Luminaires table에서 개체를 메인화면으로 드래그 하여 작업할 경우에 반드시 Layers table에서 해당되는 Layer를 Make current 시킨 후 작업하도록 한다.

5.1. Luminaires table에서 마우스 우측버튼을 클릭하여 Load를 선택한다.

5.2. 나타난 박스에서 luminaire.blk를 더블클릭하고, 그림 1.2.20과 같이 Select All을 선택한 후 OK를 클릭한다.

: 클릭과 동시에 선택된 조명기구에 해당하는 항목이 Layers table과 Materials table에 생성된다.

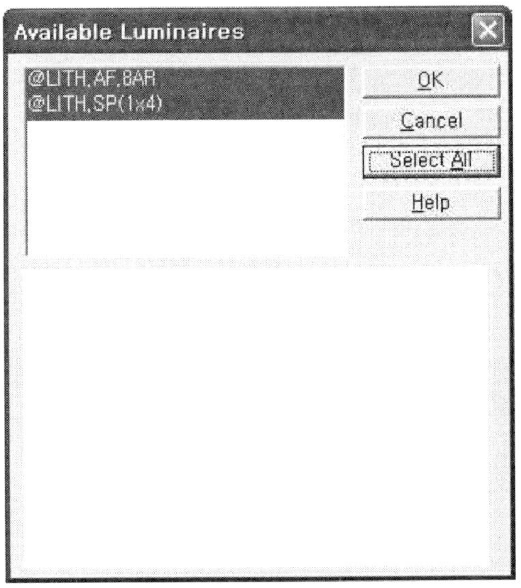

그림 1.2.20 조명기구 선택

☞ Luminaires table에 항목을 표시하는 아이콘이 "!(느낌표)"로 표시되어있음을 알 수 있다. 현재 IES file의 경로가 정확하게 매칭 되지 않았음을

나타내는 것이다.

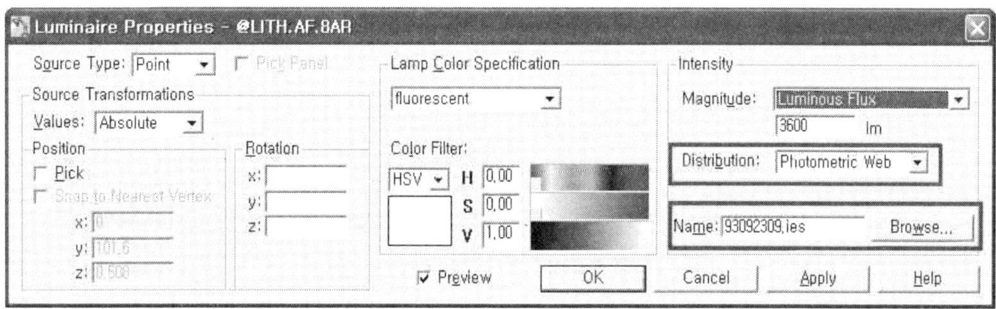

그림 1.2.21 Luminaires Properties

☞ 그림 1.2.21와 같이 우측의 "Intensity" 탭에서 "Distribution"을 "Photometric Web"을 선택하고, Browse를 이용하여 Luminaires table에 있는 항목명과 같은 IES file을 선택하고, OK를 클릭한다.

☞ Luminaires table에 항목을 표시하는 아이콘이 변경됨을 확인할 수 있다.

5.3. Luminaires table에 있는 조명기구를 더블클릭하고, 로 확인하고, Luminaires table에서 해당 조명기구를 마우스 우측버튼으로 클릭하여 "Return to Full Model"을 선택하여 작업화면 상태로 되돌아온다.

5.4. Layer table에서 LITH.AF.8AR을 선택한 후 Make Current로 Luminaires table에서 @LITH.AF.8AR를 메인화면으로 드래그 한다.

5.5. 드래그 된 상태, 즉 @LITH.AF.8AR 조명기구가 활성이 된 상태에서 마우스 우측버튼을 클릭하여 Transformation를 선택한다.

5.6. Transformation〉 Move〉 Pick〉 Snap to Nearest Vertex를 선택하고, 그림 1.2.22와 같이 모델의 좌측상단 모서리를 클릭한다.

: 이동이 잘 되지 않는 경우에 , (Luminaire)를 클릭하고, 5.4~5.6을 다시 실행한다.

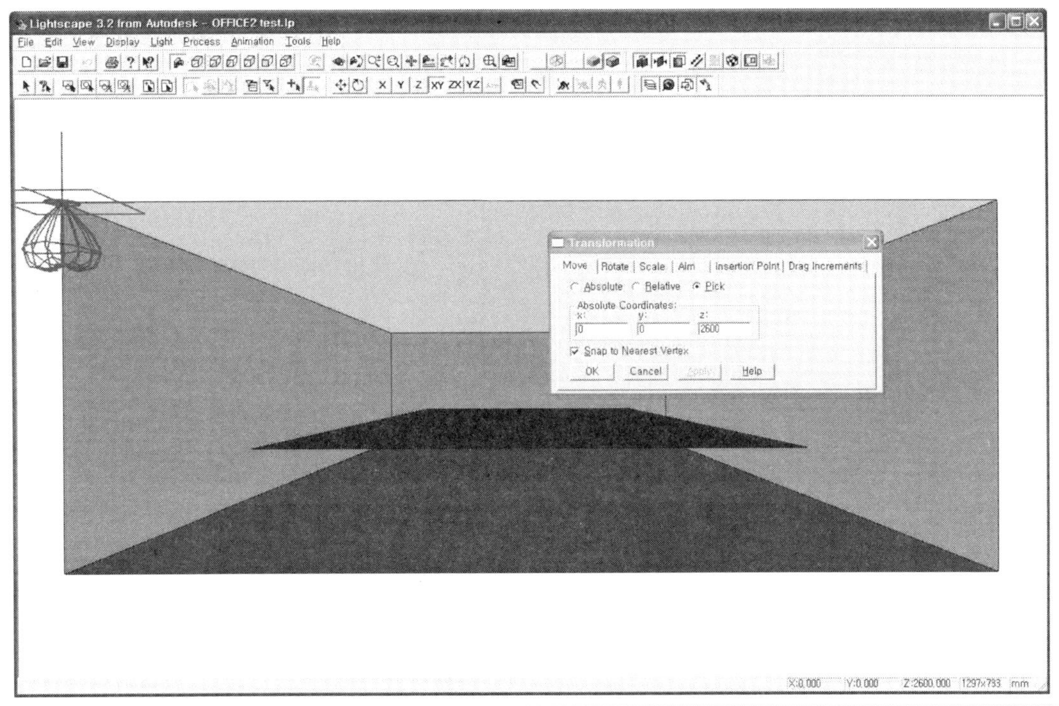

그림 1.2.22 Luminaires Transformation/ move/ Pick/ Snap to Nearest Vertex

5.7. 현상태에서 Transformation〉 Move〉 Relative를 선택하고 그림 1.2.23와 같이 x : 1000, y : 1000, z : 0을 기입하고 OK를 클릭 한다.

: 조명기구의 위치가 변동됨을 알 수 있다.

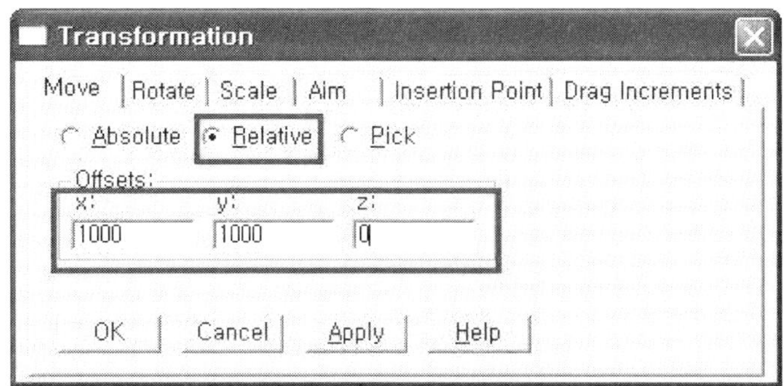

그림 1.2.23 Luminaires Transformation/ move/ Relative

5.8. (top veiw), 를 클릭하여 평면도상태로 모델을 확인한다.

5.9. 조명기구가 선택되어 있음을 확인하고, 활성화된 등기구에서 마우스 우측버튼을 클릭하여 Multiple Duplicate를 선택하고 그림 1.2.24와 같이 기입하고, OK를 클릭한다.

: 그림 1.2.25와 같이 배열됨을 확인한다.

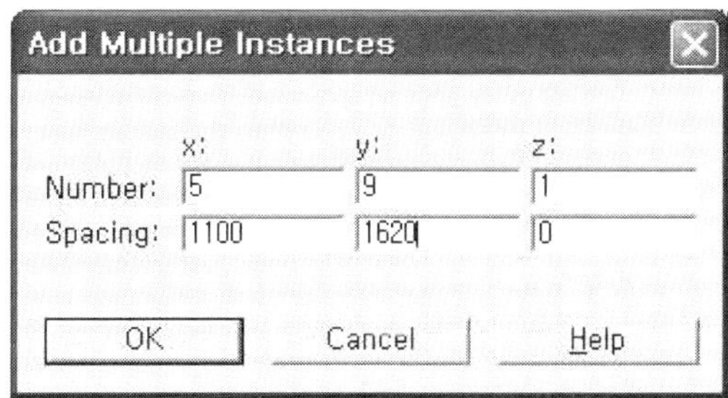

그림 1.2.24 Add Multiple Instance

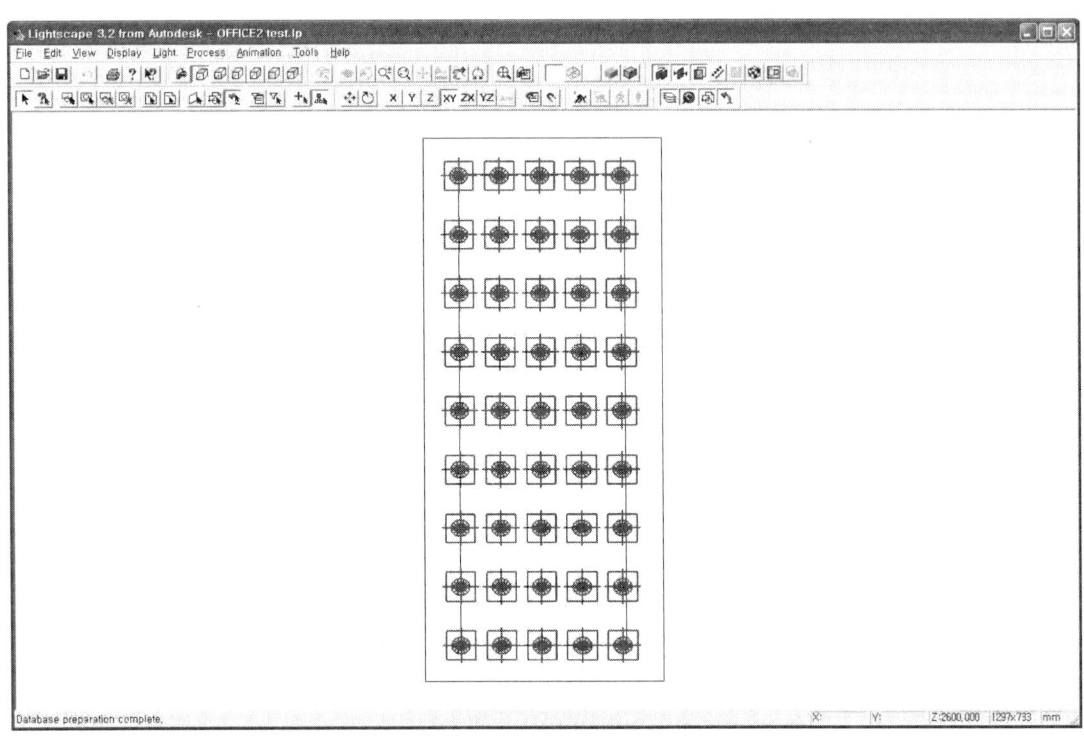

그림 1.2.25 조명기구 배치

5.10. [toolbar icons] 에서 가장 좌측의 [icon] (wire frame)을 선택한다.

5.11. [icon], [icon] 를 클릭한 상태에서 [icon] (Deselect All)을 클릭한다.

: 그림 1.2.26(a) 참조

5.12. Ctrl 키를 누른 상태에서 그림 1.2.26(b)처럼 조명기구를 선택하고 키보드의 Delete를 클릭하여 삭제한다.

: 그림 1.2.26(c) 참조

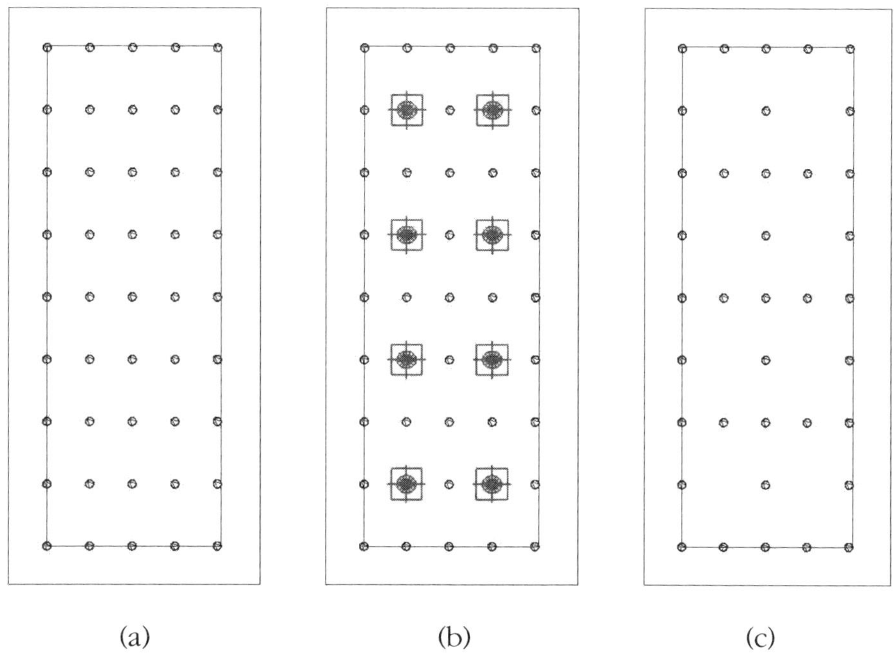

(a) (b) (c)

그림 1.2.26 조명기구 선택 삭제

☞ Luminaires table에서 @LITH.SP(1×4)을 선택한 후 메인화면으로 드래그 한다.

: 해당 layer를 make current 로 만든 후에 작업을 한다.

5.13. Layer table에서 LITH.SP(1×4)을 선택한 후 Make Current로 만든 후에 Luminaires table에서 @LITH.SP(1×4)를 메인화면으로 드래그 한다.

5.14. 드래그 된 상태, 즉 @LITH.SP(1×4) 조명기구가 활성이 된 상태에서 마우스 우측버튼을 클릭하여 Transformation를 선택한다.

5.15. Transformation〉 Move〉 Pick〉 Snap to Nearest Vertex를 선택하고, 그림

1.2.27과 같이 모델의 좌측상단 모서리를 클릭한다.

: 이동이 잘 되지 않은 경우에 [icon], [icon](Luminaire)를 클릭하고, 5.13~5.15 을 다시 실행한다.

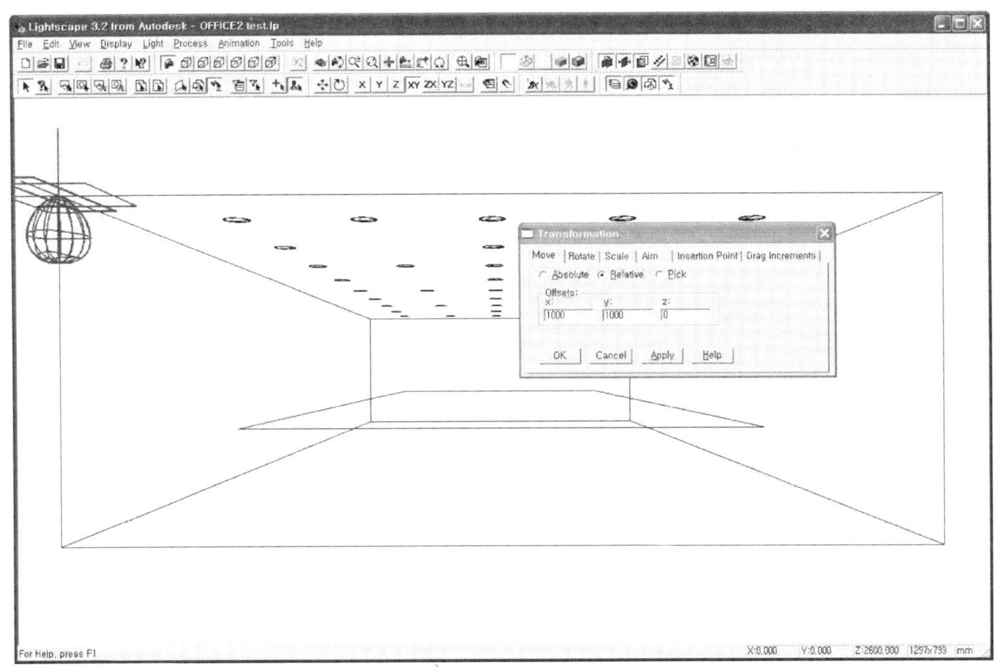

그림 1.2.27 Luminaires Transformation/ move/ Pick/ Snap to Nearest Vertex(2)

5.7. 현 상태에서 Transformation〉 Move〉 Relative를 선택하고 x : 2100, y : 1620, z : 0을 기입하고 OK를 클릭한다.

: 조명기구의 위치가 변동됨을 알 수 있다.

5.8. [icon](top veiw), [icon]를 클릭하여 평면도상태로 모델을 확인한다.

5.9. 조명기구가 선택되어 있음을 확인하고, 활성화된 등기구에서 마우스 우측버튼

을 클릭하여 Multiple Duplicate를 선택하고 그림 1.2.28와 같이 기입하고, OK를 클릭한다.

: 그림 1.2.29와 같이 배열됨을 확인한다.

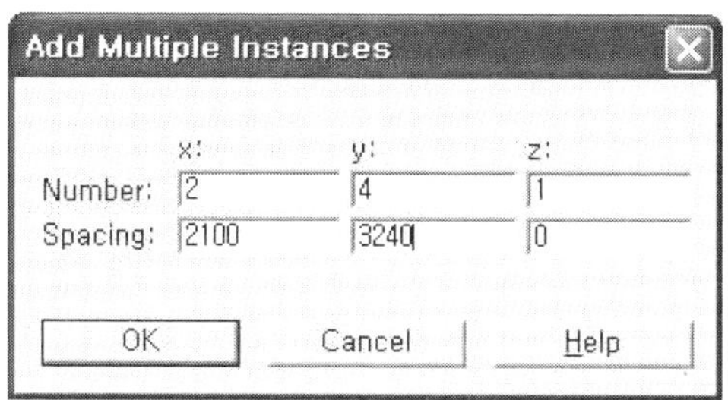

그림 1.2.28 Add Multiple Instance(2)

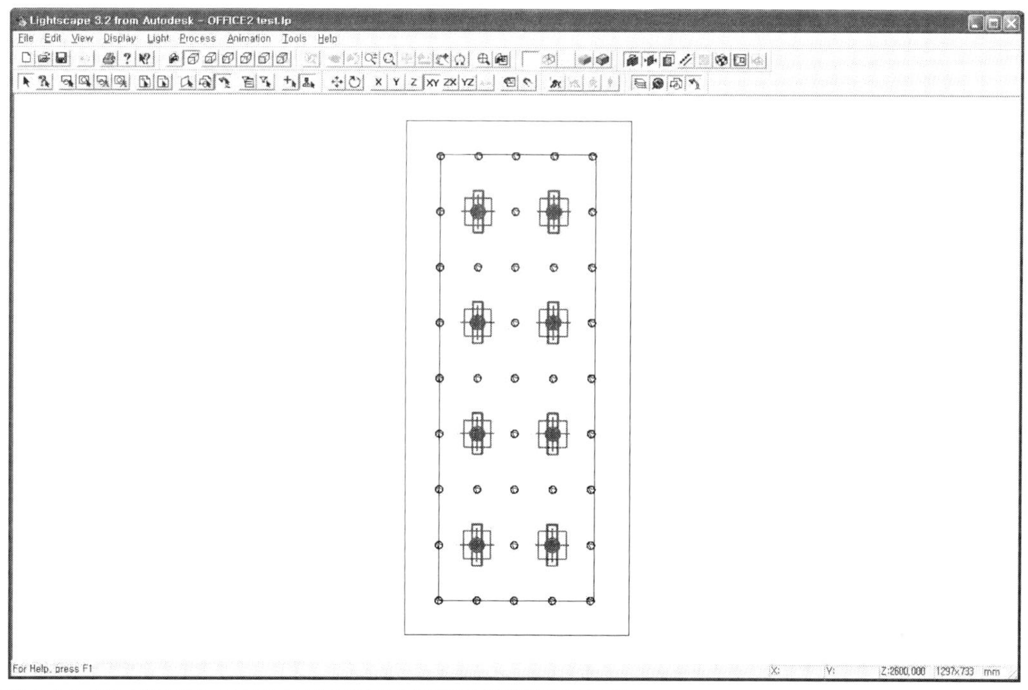

그림 1.2.29 조명기구 배치(2)

5.10. [icons] 에서 가장 좌측의 [icon](wire frame)을 선택한다.

5.11. [icon], [icon]를 클릭한 상태에서 [icon](Select All), [icon](Deselect All)을 클릭하여 조명기구의 배치를 확인한다.

: 그림 1.2.30 참조

5.12. [icon], [icon], [icon] 등으로 이용하여 그림 30과 같이 조명기구가 배치됨을 확인할 수 있다.

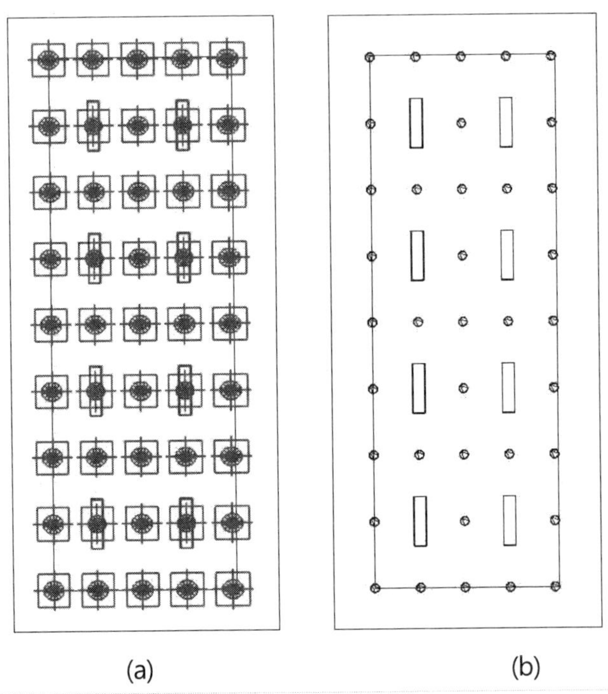

(a) (b)

그림 1.2.30 조명기구 Select All(a), Deselect All(b)

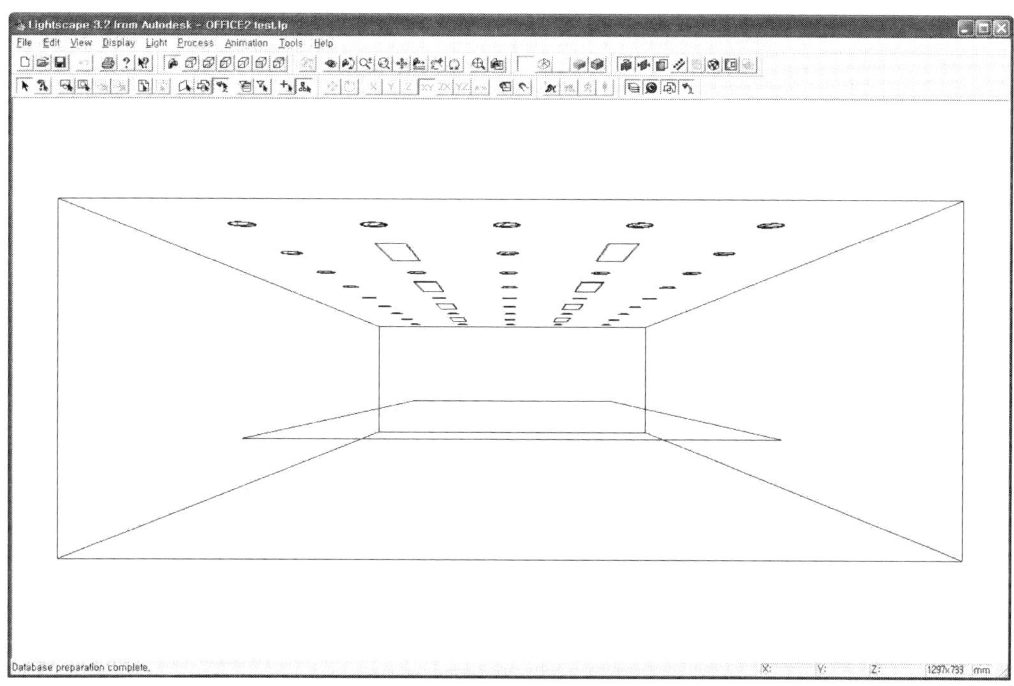

그림 1.2.31 조명기구 배치 완료(Perspective view)

6. 조명계산하기

6.1. [icon], [icon]를 클릭하고, [icon] Solid 버튼을 클릭한다.

6.2. Process〉 Parameters를 선택하여 우측하단의 Wizard를 클릭한다.

6.3. 조명계산의 정도(총 5단계)에서 3단계를 선택한 후, “다음”을 클릭한다.

: 그림 1.2.32 참조

6.4. 주광적용에 대하여 "No"를 선택하고, "다음"을 클릭하고 "마침"을 클릭한다.

6.5. Process Parameters 박스에서 OK를 클릭하고 박스를 닫는다.

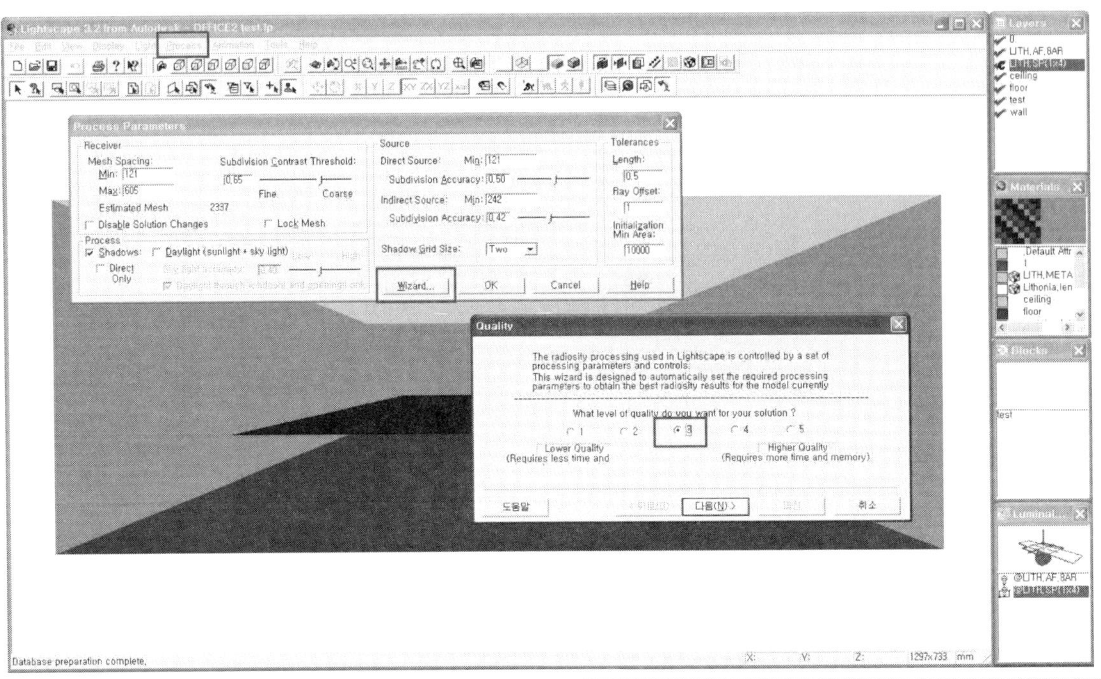

그림 1.2.32 Process Parameters

6.6. [icon]를 클릭하면 저장여부물음에 확인 한다.

: 그림 1.2.33과 같이 전체화면이 검게 되면, 메인화면 상단의 확장자명이 lp에서 ls로 바뀐다.

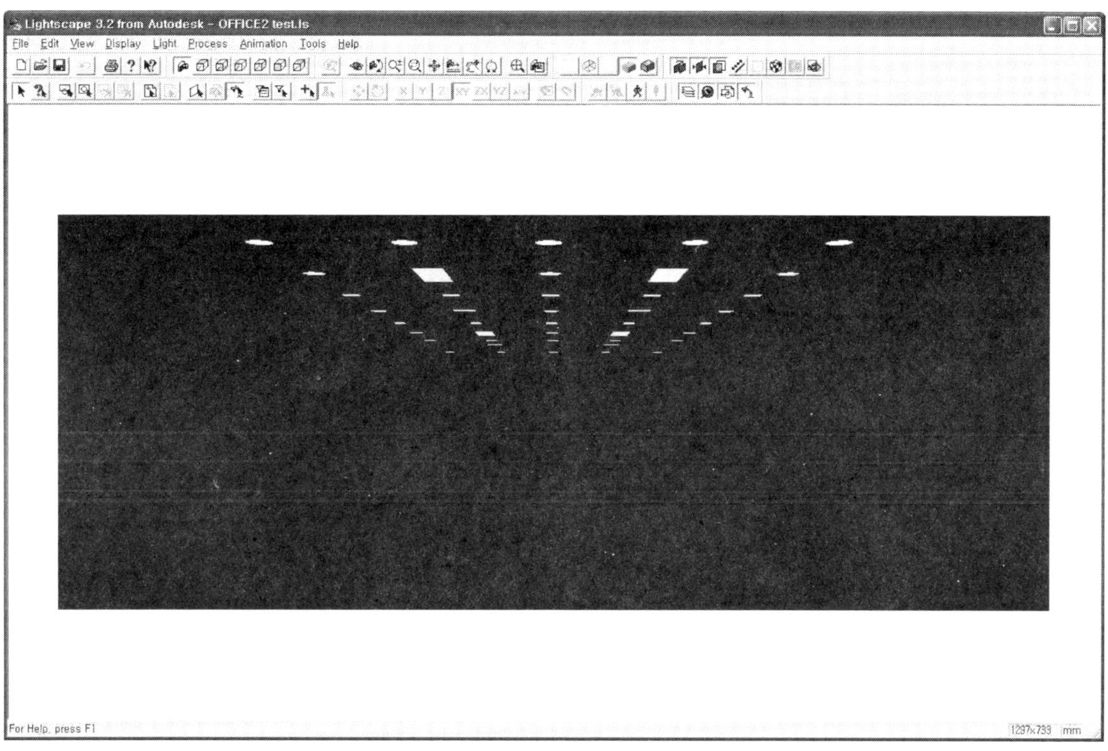

그림 1.2.33 조명계산 직전의 모습

6.7. 를 클릭한다. 조명계산이 진행된다.

6.8. 메인화면 좌측하단의 계산진행률 85[%]를 넘으면 를 클릭하여 계산을 멈춘다.

6.9. (top veiw), 를 클릭하여 평면도상태로 모델을 확인한다.

6.10. Light〉 Analysis를 선택하여 그림 1.2.34와 같이 Display에서 Quantity : illuminance, Max : 1600으로 설정하고 Grid 탭으로 이동하여 그림 1.2.35와 같이 설정을 기입하고 Satistics 탭으로 이동한다.

6.11. 그 상태에서 가상 면 내부를 클릭한다.

: 그림 1.2.36와 같이 클릭한 부분의 조도와 그 영역의 조명 값(평균조도, 최대조도, 최소조도 등)이 나타남을 확인할 수 있다.

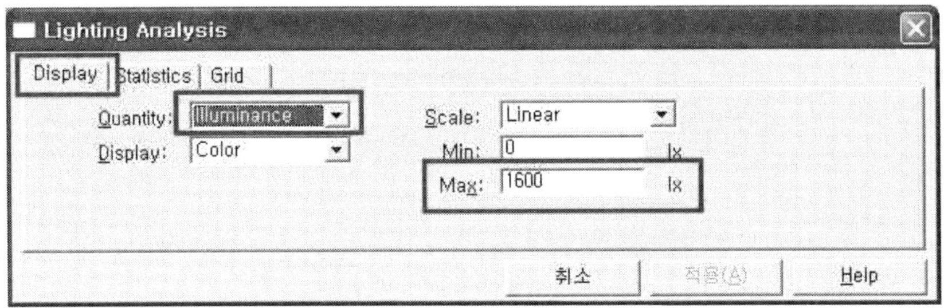

그림 1.2.34. Lighting Analysis / Display

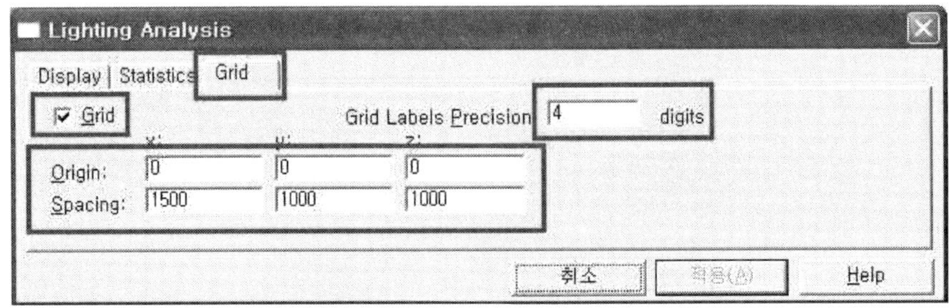

그림 1.2.35 Lighting Analysis / Grid

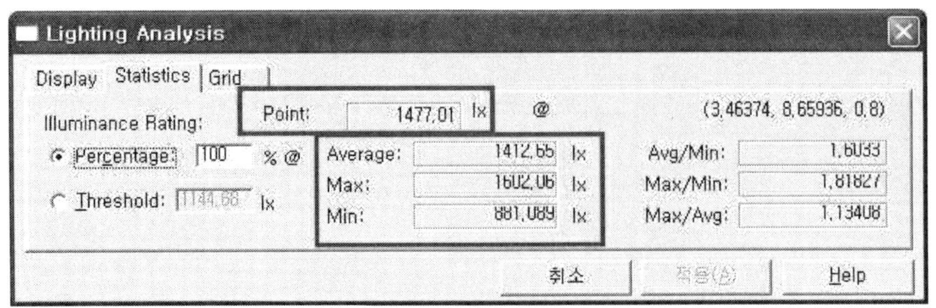

그림 1.2.36. Lighting Analysis / Satistics

6.12. 그림 1.2.37와 같이 클릭한 영역의 조도가 grid 별로 표시됨을 알 수 있다.

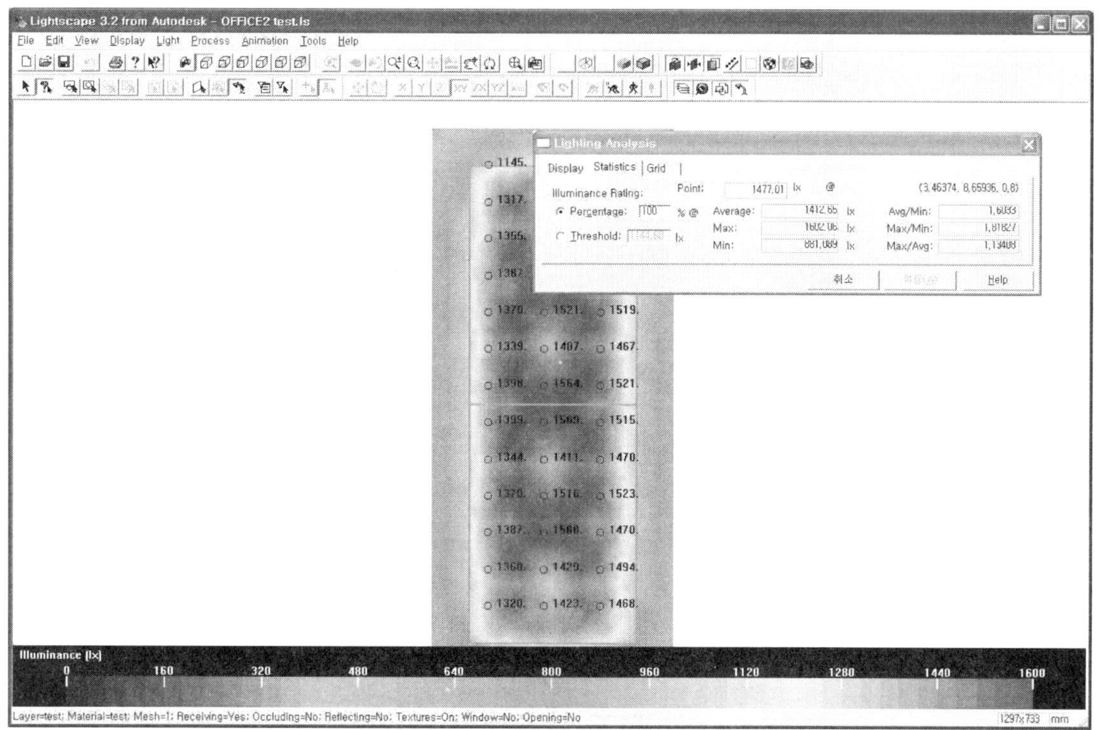

그림 1.2.37 Lighting Analysis / Satistics(2)

6.13. , 를 이용하여 조명 계산된 모델을 살펴보고, 각 면을 클릭하여 조명 계산된 값을 확인한다.

7. 조건별 변경에 따른 결과치 비교하기

7.1. 측정 면과 바닥면의 결과 치 비교

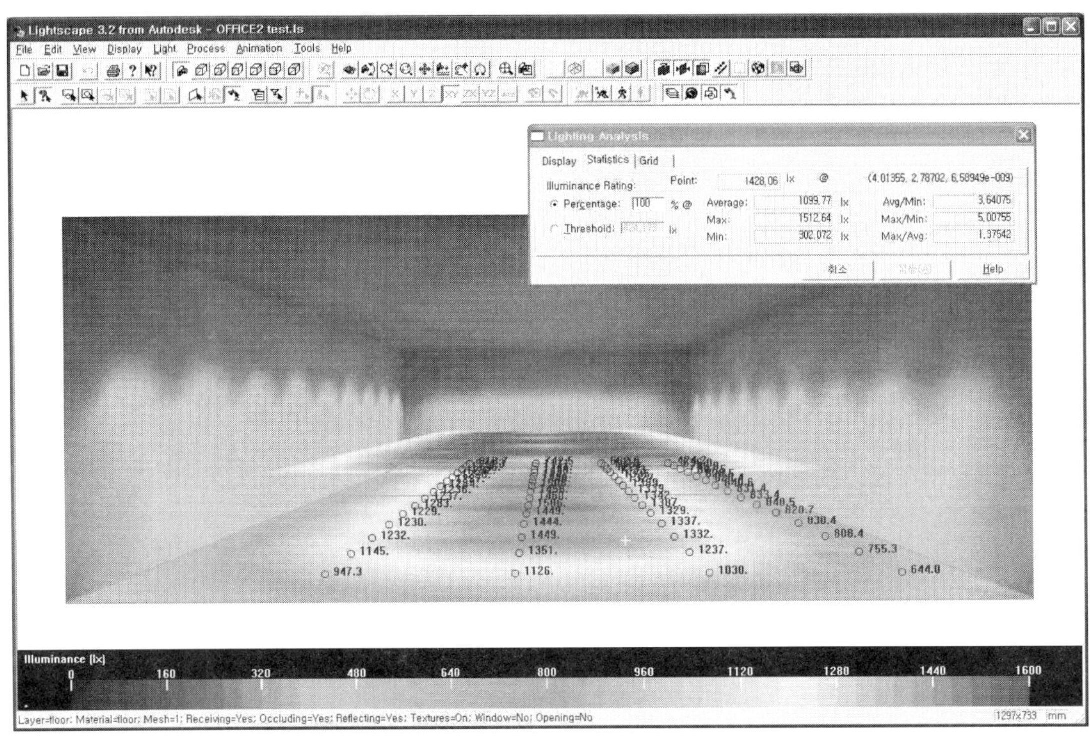

그림 1.2.38 Lighting Analysis / Satistics(3)

: 그림 1.2.38과 같은 상태에서 바닥면을 클릭하여 가상 측정 면과 바닥면의 결과 치를 비교한다.

: 가상 측정 면보다 바닥면의 결과치가 낮음을 확인할 수 있다. 바닥면은 가상 측정 면에 비해 광원과 멀고, 측정 면이 공간의 구석진 곳의 낮은 조도까지 적용하기 때문에 결과치가 낮게 나올 수밖에 없다.

7.2. 표면 반사율에 따른 결과치 비교

☞ 를 클릭하여 조명계산의 초기 상태 화하고 설정 변경 후에 를 클릭하여 계산하고, 를 클릭하여 계산을 멈춘다.

☞ "Materials table"에서 "Wall"을 더블클릭하여 그림 1.2.39과 같이 "v" 값을

"0.7"로 변경하여 결과치를 비교한다.

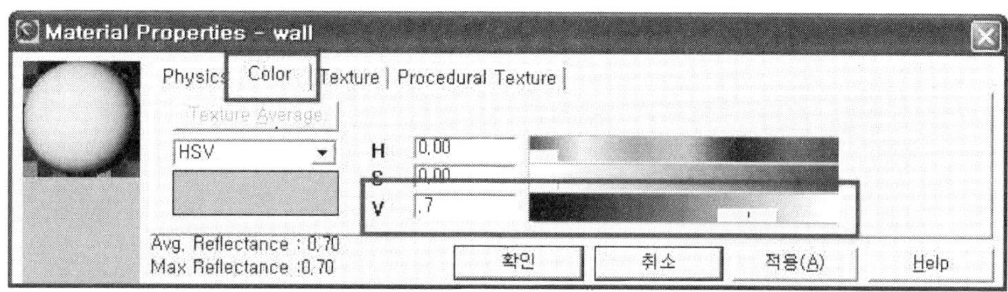

그림 1.2.39 재질 속성 변경

: 재질 속성변경만으로도 결과치의 변경이 올 수 있음을 알 수 있다.

7.3. 기타 설정 변경

: 같은 모델에 대하여 등기구 속성 및 여러 속성을 변경하여 결과 값을 비교해 본다.

제3절 Lightscape를 이용한 옥외 조명시뮬레이션

Lightscape를 사용한 경관조명시뮬레이션

- 등기구 및 블록에 대한 수정방법(이동, 회전, 배열 등)을 알아본다.
- 배광타입에 따른 차이점을 알아본다.

1. 모델 입력

1.1. File〉 import〉 dxf를 선택하고, Browse를 클릭하여 예제파일인 BD2.dxf을 선택하고, 그림 1.3.1과 같이 "File Units: Millimeters"를 설정한다.

: File Units를 모델링 작업할 때 적용했던 단위인 [mm]로 맞춘다.

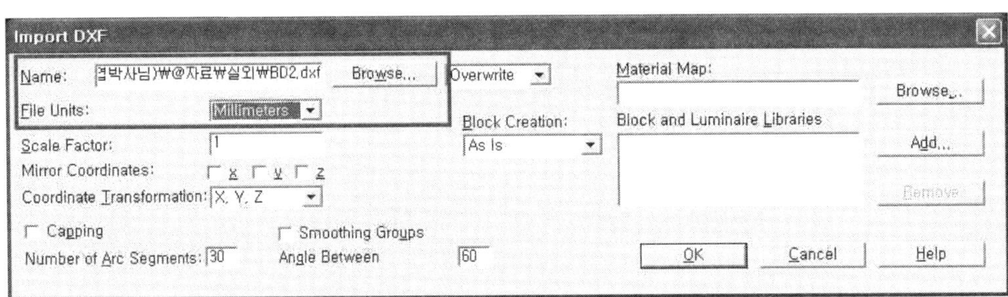

그림 1.3.1 Import DXF

1.2. 그림 1-1와 같이 설정하고 OK를 클릭하고, 그림 1.3.2의 치수확인 박스가 나타나면 Yes를 클릭한다. BD2.lp 모델이 입력된다.

: (Outlined), , , 을 이용하여 모델을 둘러본다.

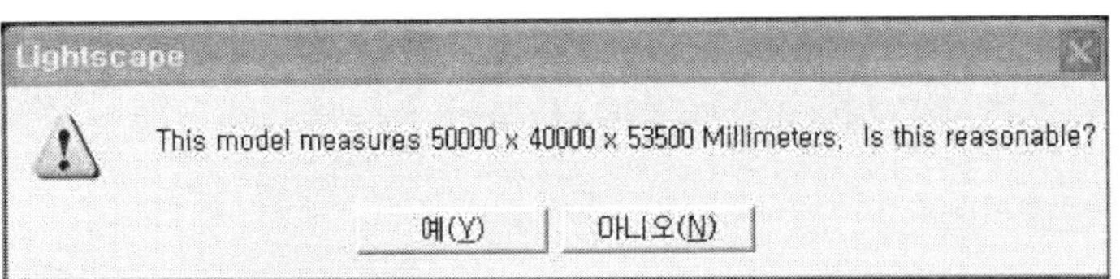

그림 1.3.2 입력시 모델치수 확인박스

1.3. File〉 Properties를 클릭하고, 그림 1.3.3와 같이 Colors 탭에서 Background: white, Wireframe: black으로 수정한 후, Diplay탭으로 이동하여 Brightness를 75를 조정한 후에 OK를 클릭한다.

: Brightness는 화면의 밝기를 조절할 뿐 조명계산에는 영향을 미치지 않는다.

: 그림 1.3.4 참조

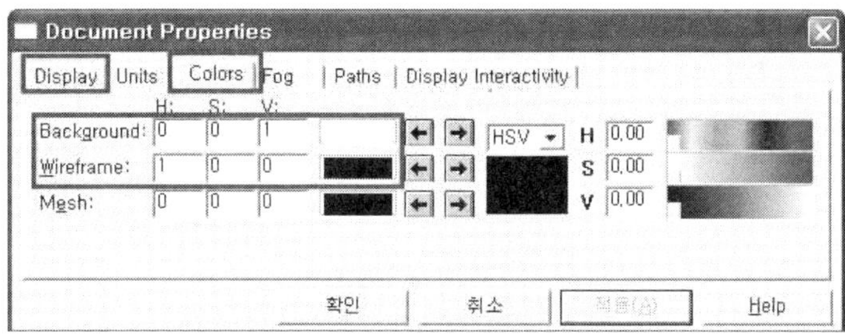

그림 1.3.3 Properties box / color

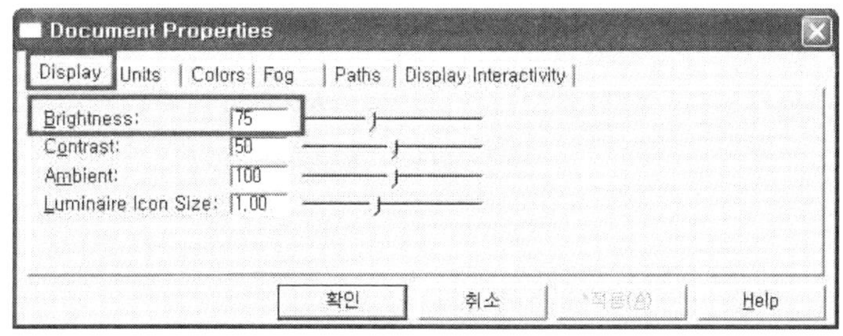

그림 1.3.4 Properties box / display

1.4. , 를 클릭하고, 을 이용하여 입력된 모델을 둘러본다.

: 입력된 모델은 그림 1.3.5와 같다.

: 을 이용하여 모델을 둘러보면, 모델 면이 없는 부분이 확인된다. 그 부위를 자세히 살펴보면, 어떤 방향에서는 면이 보이고, 다른 방향에서는 그 면이 보이지 않을 것이다. 면이 없는 것이 아니고, 면의 방향성이 있음을 확인할 수 있다. 이것이 라이트스케이프의 특징 중의 하나인 표면의 방향성이다. 다음 장에서 확인하도록 한다.

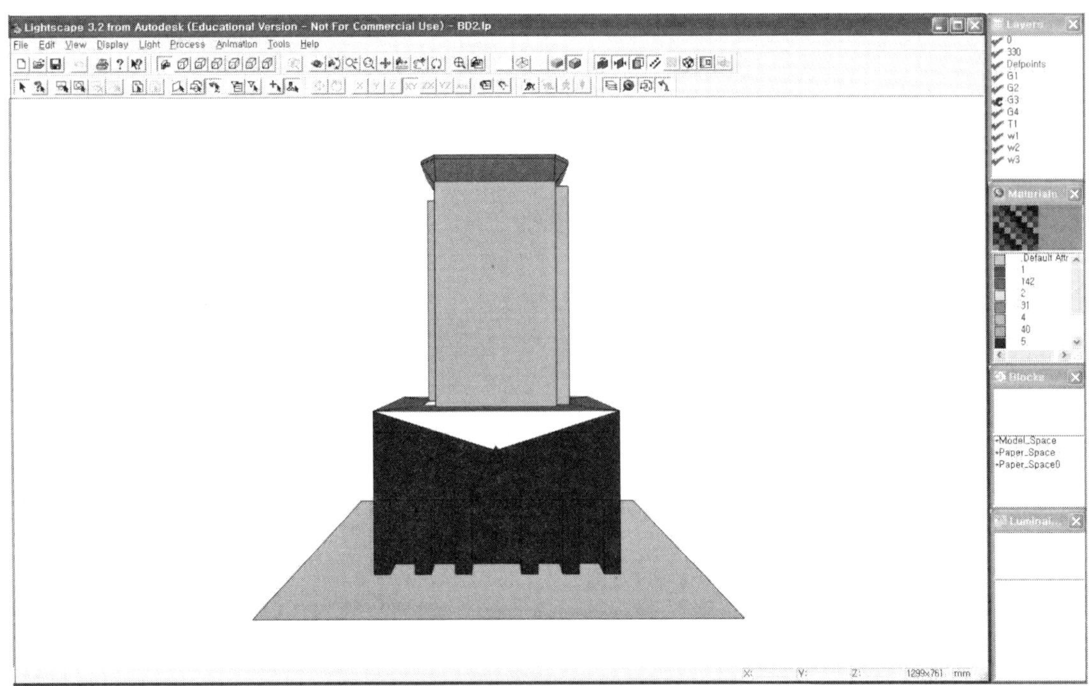

그림 1.3.5. model

1.5. 둘러본 후, [icon], [icon], [icon], [icon]를 클릭하여 다음 단계를 준비한다.

2. 표면의 방향성 설정

2.1. 각 면의 색상을 확인하고, [icon]과 [icon]를 클릭하여 임의의 면의 선택한 후, 마우스 우측버튼을 클릭하여 Orientation을 선택한다.

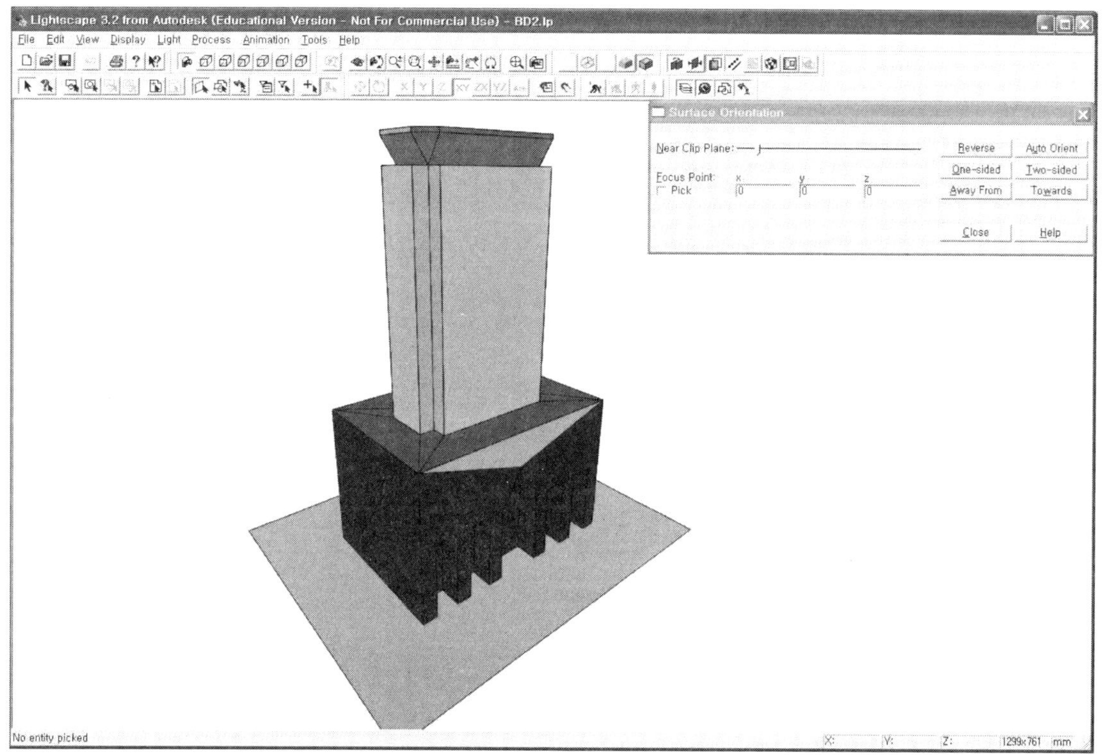

그림 1.3.6 Orientation

☞ Lightscape는 표면의 방향을 인식한다. 기본적으로 표면에 대하여 인식하는 면과 인식하지 않는 면으로 구분한다. 인식하는 면은 모델링시의 칼라를 표현하고, 인식하지 않는 면은 연두색으로 표현하거나, 아예 표현하지 않는다. 모든 조명계산은 인식하는 면에서 이루어진다. 즉, 조명계산이 필요한 부분의 면은 모두 인식하는 면으로 변경시켜야한다.

▷ Reverse : 선택한 면의 인식상태를 반전시킨다.

▷ Auto Orient : 화면에 보이는 모든 면을 인식하는 면으로 변경시킨다.

2.2. 연두색 면을 선택하여 Orientation 박스에서 Reverse를 클릭하여 표면을 원래의 색으로 바꾼 후, Close를 클릭하여 박스를 닫는다.

2.3. 또는 Orientation 박스에서 Auto Orient를 클릭하여 표면을 원래의 색으로 바꾼다.

: "Auto Orient"는 화면상에 보이는 표면을 모두 인식하는 면으로 바꿔주는 기능을 한다.

2.4. 를 클릭하여 전체보기를 한 후, Orbit을 이용하여 모델을 둘러본다. 각 면의 색상이 표현된 면을 볼 수 있다.

2.5. 둘러본 후, , , 를 클릭하여 다음 단계를 준비한다.

3. 개체 재질속성

3.1. , 를 클릭한 후, 최상단의 바닥면을 선택한다.

3.2. Materials table에 활성화된 "31"에 마우스 우측버튼을 클릭하여 Rename을 클릭한다.

3.3. Layers table에 활성 된 명칭과 같은 "G3"으로 수정한다.

3.4. 이와 같이 각각의 색상 면에 대하여 Layers table 항목의 명칭과 Materials table의 명칭이 같도록 항목 명을 수정한다.

3.5 그림 1.3.7과 같이 색상이 다른 각각의 면에 대하여 Layer table 항목명과 같이 Material table의 항목을 수정한 후에, 각 테이블마다 수정되지 않고

남아있는 항목들을 제거한다.

: 모델링 작업 시 생성했거나, 삭제했던 것들의 잔여들이 남아 있을 수 있으므로, 작업의 편의를 위하여 불필요한 항목은 삭제한다.

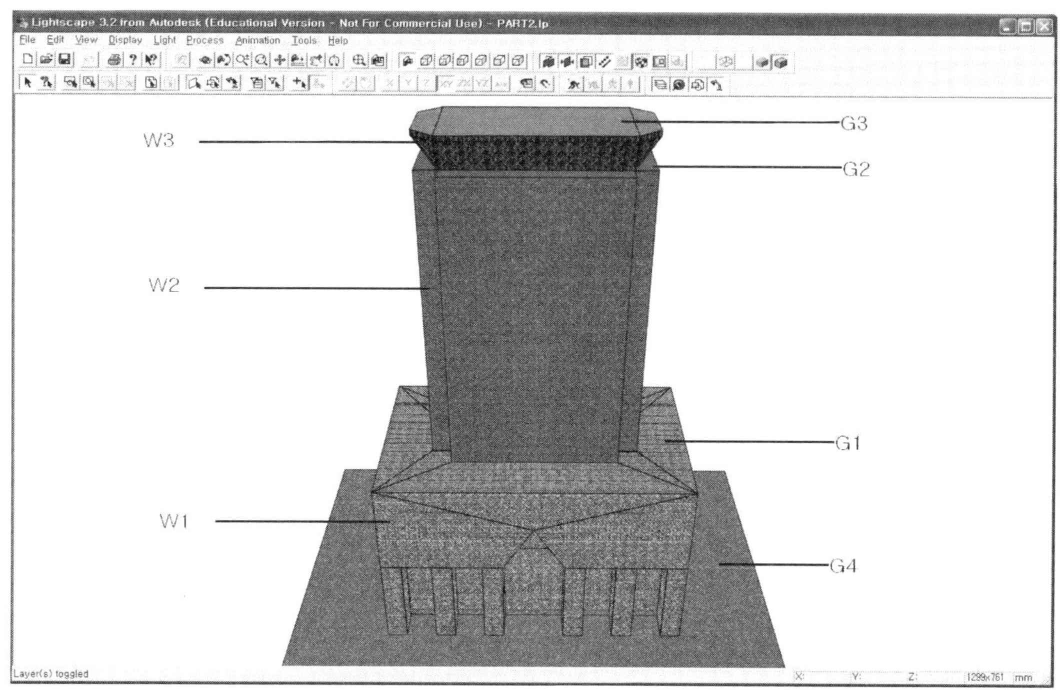

그림 1.3.7 Material Properties

3.6 Materials table에서 G1를 더블클릭하여 Properties box를 연다.

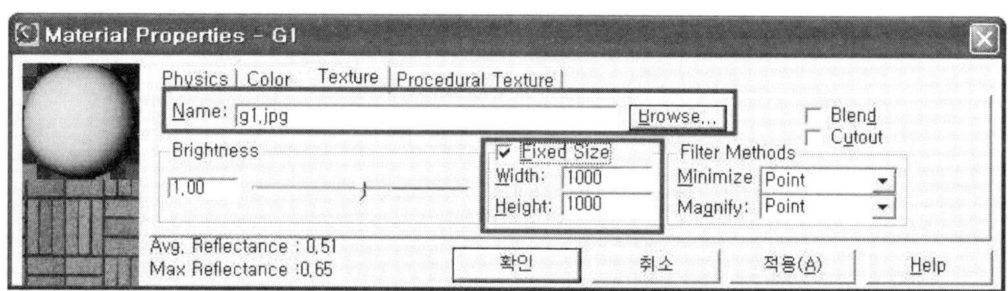

그림 1.3.8 Material Properties

3.7 Texture 탭에서 그림 1.3.8과 같이 입력을 한 후, Color 탭으로 가서 Texture Average를 클릭한 후, 확인을 클릭하여 창을 닫는다.

: 기 정의된 재질의 속성(반사율 값 등)이 적용됨을 확인할 수 있다.

3.8 Materials table 항목 중에서 G4, W1, W2, W3에 대하여 각각 위의 작업을 반복하여 재질속성 설정작업을 수행한다.

☞ 설정을 마친 후 저장을 하고, 과 를 클릭한 후 , , 을 이용하여 모델을 살펴본다.

: 모델을 살펴본 후에, , 를 클릭하여 화면을 정리한다.

: 을 클릭하여 적용될 재질의 디자인을 볼 수 있다. 하지만, 파일의 용량이 커지는 요소이므로, lp파일 작업 시에는 off 상태로 작업하는 것이 작업 속도 등 작업 능률상 좋다.

4. 블록개체 설정

4.1. Blocks table에서 마우스 우측버튼을 클릭하여 Load를 선택한다.

4.2. 그림 1.3.9과 같이 나타난 박스에서 pole.blk를 더블클릭하고, 다시 Pole을 선택하고 OK를 클릭한다.

: Layers table에 Pole layer가 생성됨을 알 수 있다.

그림 1.3.9 Available Blocks

4.3. Layers table에서 Pole를 선택한 후 마우스 우측버튼을 클릭하여 Make current 를 선택한다.

☞ Blocks table 또는 Luminaires table에서 개체를 메인화면으로 드래그 하여 작업을 할 경우에 반드시 Layers table에서 해당되는 Layer를 Make current 시킨 후 작업하도록 한다.

☞ Block을 선택, 수정할 경우에는 반드시 를 선택하고 작업을 한다. 또한, 표면 선택 및 수정작업 시 클릭, 등기구의 선택 및 수정작업 시 클릭하고 작업을 한다.

☞ 을 클릭하면, 모든 개체의 면이 선택이 되지만, Block과 Luminaire의 전체가 선택되지 않는다.

4.4. Hidden line을 클릭한다.

: 쓸데없이 texture 및 색상을 화면상에 띄어놓는 경우, 화면이 느려지는 경

우가 종종 발생되므로 작업화면 용량을 줄이기 위해서 Hidden line을 선택하여 작업을 한다.

4.5. Blocks table에서 Pole을 클릭하여 메인화면으로 드래그 한다.

4.6. 드래그한 후 Pole이 선택되어 있는 상태에서 메인화면에서 마우스 우측버튼을 클릭하여 Transformation을 선택한 후, 그림 1.3.10과 그림 1.3.11와 같이 Move 탭과 Rotate 탭을 설정한 후 OK를 클릭한다.

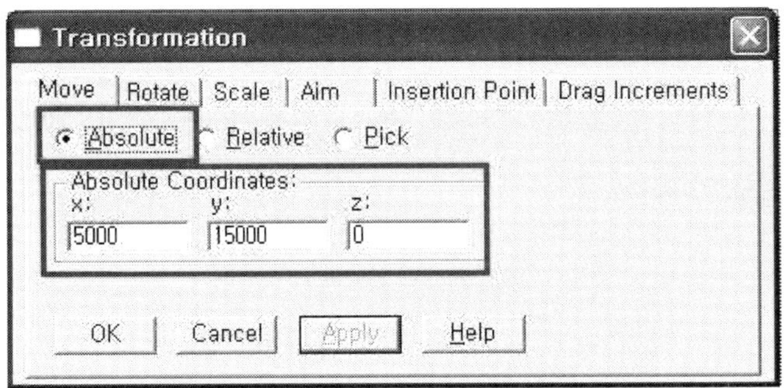

그림 1.3.10 Transformation - Move

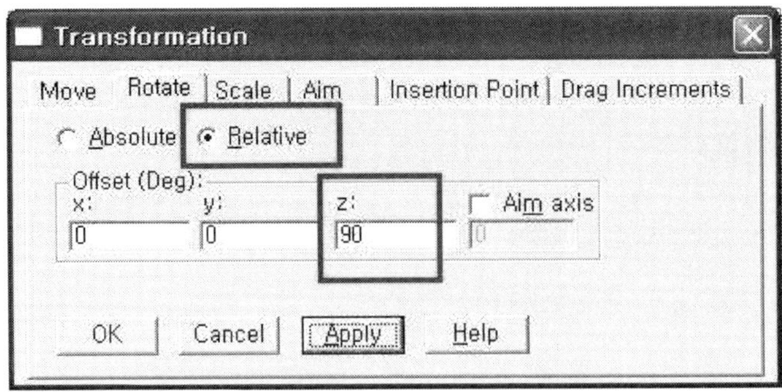

그림 1.3.11 Transformation - Rotate

4.7. Pole이 활성화되어 있는 상태에서 메인화면에서 마우스 우측 버튼을 클릭하여

Multiple Duplicate를 선택하고 그림 1.3.12와 같이 설정한다.

OK를 클릭하고, 파일을 저장한다.

Add Multiple Instances

	x:	y:	z:
Number:	2	2	1
Spacing:	40000	10000	0

OK Cancel Help

그림 1.3.12. Multiple

: 그림 1.3.13과 같이 폴의 위치가 설정된다.

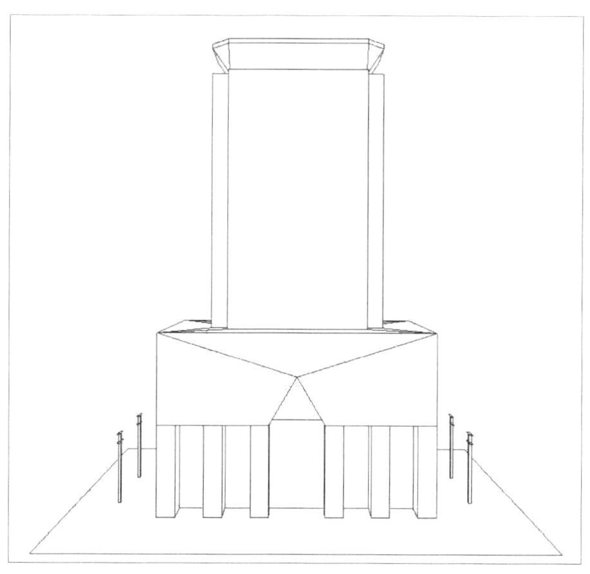

그림 1.3.13. Pole 위치설정

4.8. , , 으로 모델을 둘러본다. 둘러본 후, , , , 를 클릭하여 다음 단계를 준비한다.

5. 등기구 설정

5.1. Luminaires table에서 마우스 우측버튼을 클릭하여 Load를 선택한다.

5.2. 나타난 창에서 BD LIGHT.blk를 더블클릭하고 Select All을 선택하고 OK를 클릭한다.

: Photometric file을 찾을 수 없다는 창이 뜨면, Ingore All을 선택한다.

: 선택된 등기구에 해당하는 항목이 Layers table과 Materials table에 추가됨을 확인할 수 있다.

☞ Luminaires table에 항목을 표시하는 아이콘이 "!(느낌표)"로 표시되어있음을 알 수 있다. 현재 IES file의 경로가 정확하게 매칭 되지 않았음을 나타내는 것이다.

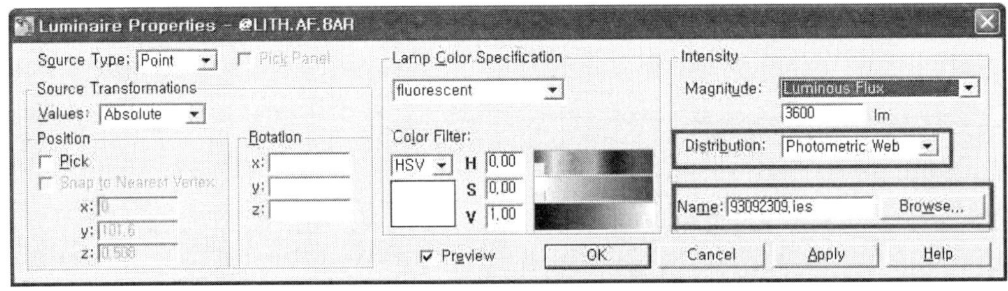

그림 1.3.14 Luminaires Properties

5.3. "!" 표시가 된 등기구를 더블클릭한다. 그림 1.3.14와 같은 창이 뜨면 우측의 "Intensity" 탭에서 "Distribution"을 "Photometric Web"을 선택하고, Browse를 이용하여 Luminaires table에 있는 항목명과 같은 IES file을 선택하고, OK를 클릭한다.

: Luminaires table에 항목을 표시하는 아이콘이 변경됨을 확인할 수 있다.

5.4. Luminaires table에 있는 조명기구를 더블클릭하고, 로 확인하고, Luminaires table에서 해당 조명기구를 마우스 우측 버튼으로 클릭하여 "Return to Full Model"을 선택하여 작업화면 상태로 되돌아온다.

* 지금부터는 Part1.lp, Part2.lp, Part3.lp, Part4.lp, Part5.lp, Part6.lp으로 작업된 파일이 저장되어 있습니다.

PART0<150FL-ASY : 150W 비대칭형 투광기>

☞ 등기구 설정 작업 전에 반드시, 작업하려는 등기구와 같은 항목명의 Layer를 생성한 후에 make current설정을 하고 작업을 하도록 한다.

5.5. Layers table에서 마우스 우측버튼을 클릭하여 create를 선택하고 150FL-ASY를 기입하여 새로운 Layer를 생성한 후에 새로 생성되어 활성화된 항목 위에서 마우스 우측버튼을 클릭하여 make current를 클릭한다.

☞ 등기구 설정 작업 시 필수작업임.

5.6. Luminaires table에서 "150FL-ASY"을 메인화면으로 드래그한 후, 마우스 우측버튼을 클릭하여 Transformation을 선택한다.

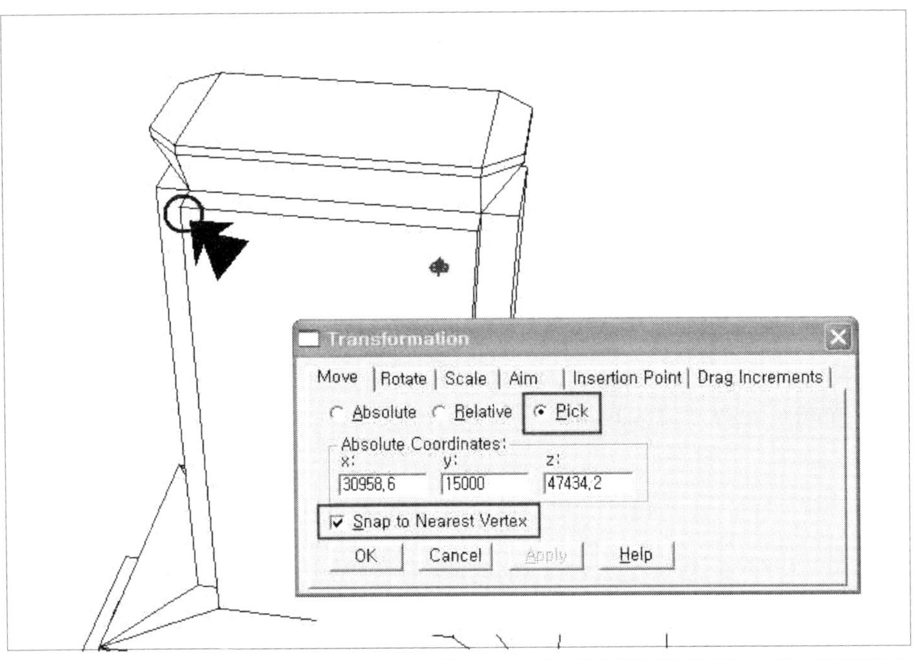

그림 1.3.15 Move/ Pick

5.7. 그림 1.3.15과 같이 Transformation/ Move 탭에서 Pick, Snap to Nearest Vertex를 선택하고 모델 상단 모서리를 클릭한다.

5.8. 150FL-ASY가 모델상단에 위치한다. 모델 뷰를 Top 뷰로 설정한다.

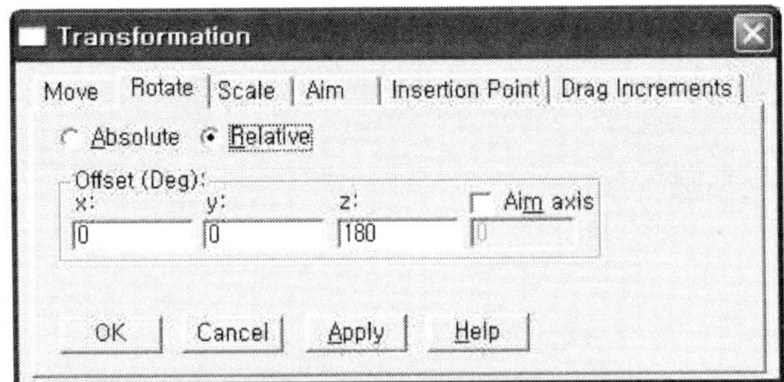

그림 1.3.16 Rotate/ Z축

5.9. 그림 1.3.16와 같이 Rotate/ Z축의 회전을 이용해서 등기구의 머리 방향을 남쪽방향으로 맞춘다.

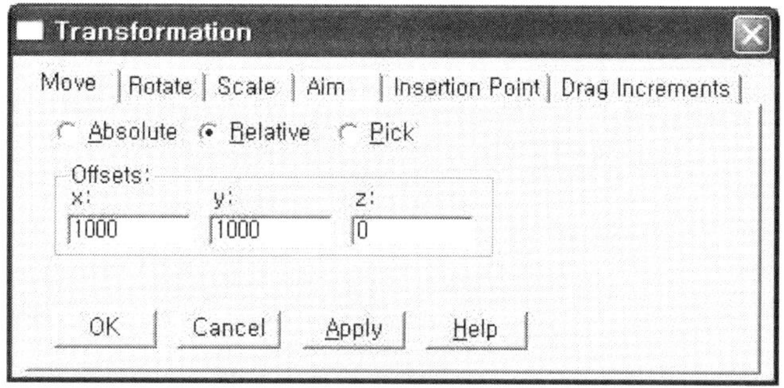

그림 1.3.17 Move/ Relative

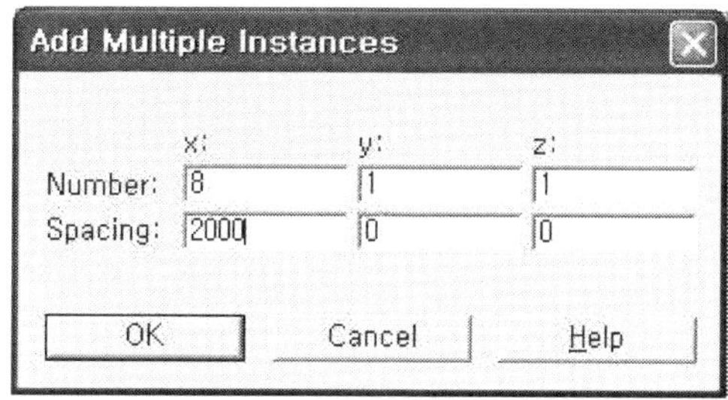

그림 1.3.18 Multiple

5.10. 그림 1.3.17와 그림 1.3.18의 작업을 통해서 그림 1.3.19와 같이 등기구를 나열시킨다.

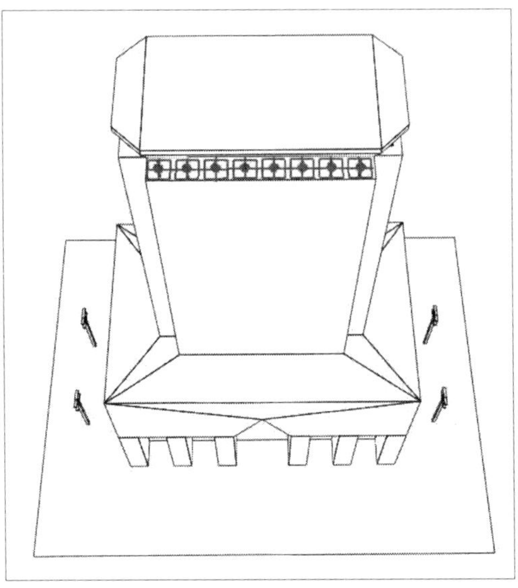

그림 1.3.19 등기구 배치

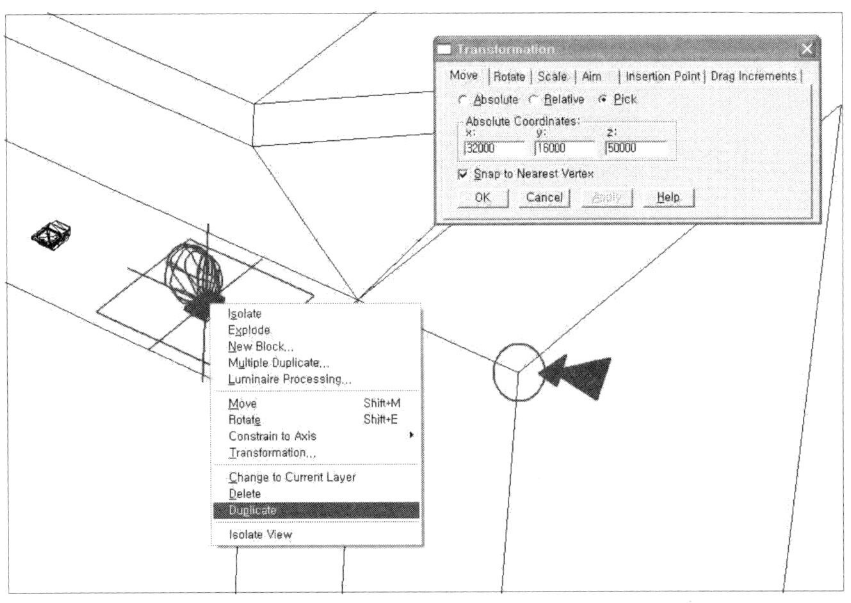

그림 1.3.20 Duplicate

5.11. , (Zoom Window)를 이용하여 그림 1.3.20와 같이 화면을 위치시킨다.

5.12. 등기구 선택한 상태에서 마우스 우측버튼을 클릭하여 Duplicate를 선택한다.

: Duplicate를 클릭한 순간, 이미 명령이 실행된 상태이고, 등기구는 두 개가 겹쳐서 생성된 상태이다. 그래서 화면상의 변화는 없고, 위치 이동을 시키면 그대로 복사되어 움직이게 됨을 알 수 있다.

5.13. 그 상태에서 마우스 우측버튼을 클릭하여 Transformation 박스를 불러내어 Move탭에서 pick, Snap to Nearest Vertax를 선택하여 그림1.3.20와 같이 우측 모서리를 클릭하여 등기구를 위치시킨다.

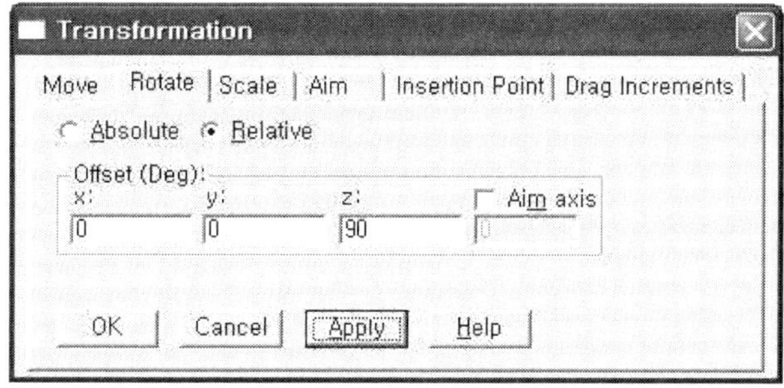

그림 1.3.21. Move/ Rotate

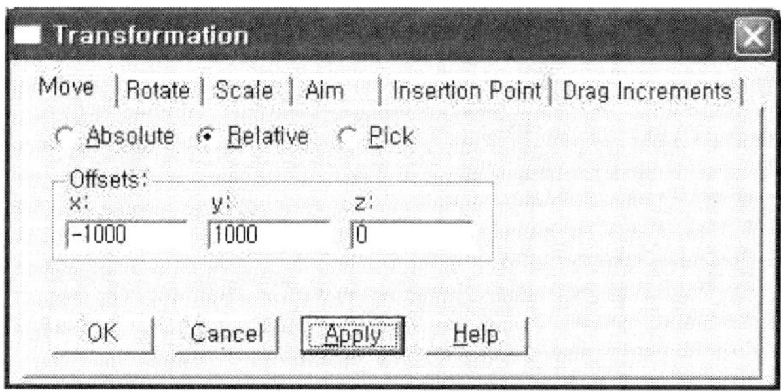

그림 1.3.22. Move/ Relative

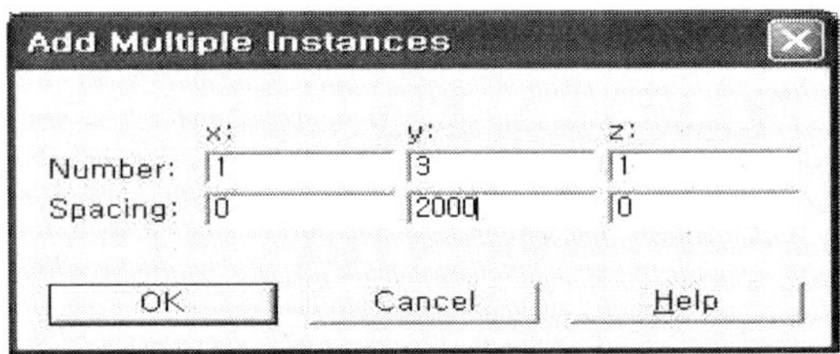

그림 1.3.23. Multiple

5.14. 등기구가 선택된 상태에서 그림 1.3.21과 같이 Rotate/Relative를 선택하고 z 축으로 90회전시키고, 그림 1.3.22와 같이 이동시키고, 그림 1.3.23처럼 등기구를 배열한다.

5.15. 5.7~5.14와 유사한 작업으로 나머지 두 면에 등기구를 위치시킨다.

5.16. , , 등으로 이용하여 그림 1.3.24과 같이 조명기구가 배치됨을 확인할 수 있다.

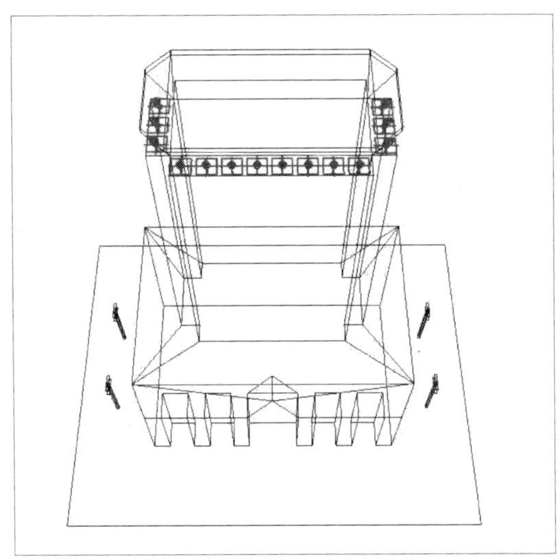

그림 1.3.24 150FL-ASY <1KUP-SY: 1kW 대칭형 투광기>

5.17. Layers table에 1KUP-SY를 생성하여 make current를 클릭하고, Luminaires table에서 "1KUP-SY"을 메인화면으로 드래그한 후, 마우스 우측버튼을 클릭하여 Transformation을 선택한다.

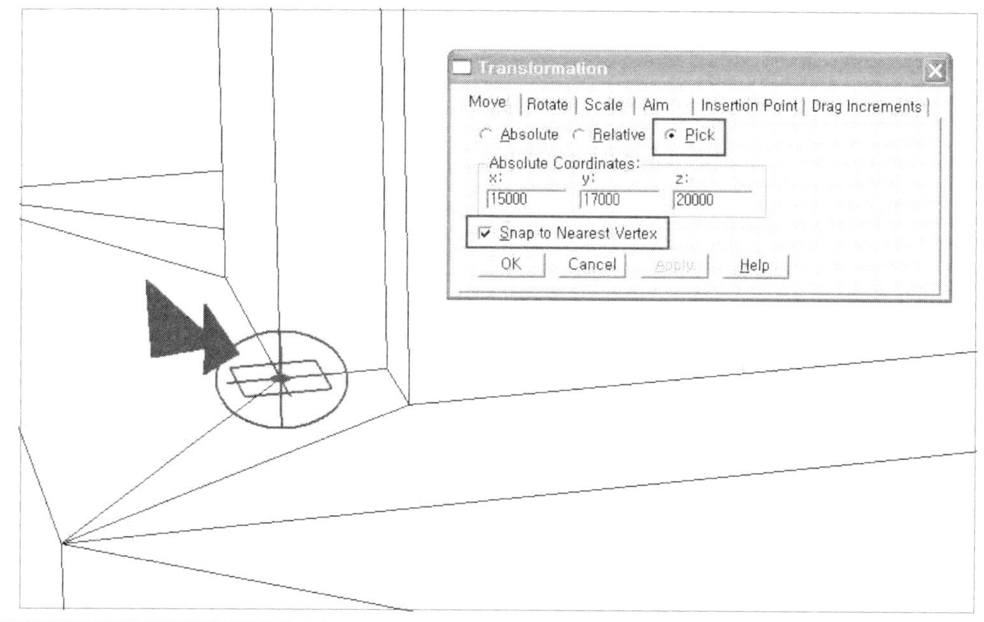

그림 1.3.25 Move/ Pick

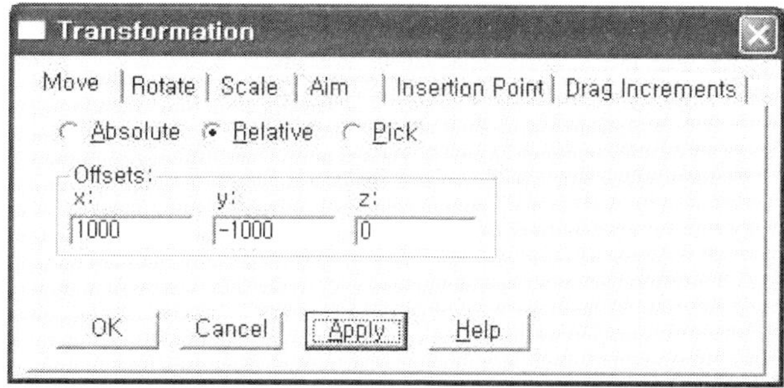

그림 1.3.26 Move/ Relative

5.18. Move 탭에서 그림 1.3.25와 1.3.26과 같은 작업을 반복하여 나머지 세군데 모퉁이도 같은 방법으로 1KUP-SY를 위치시킨다.

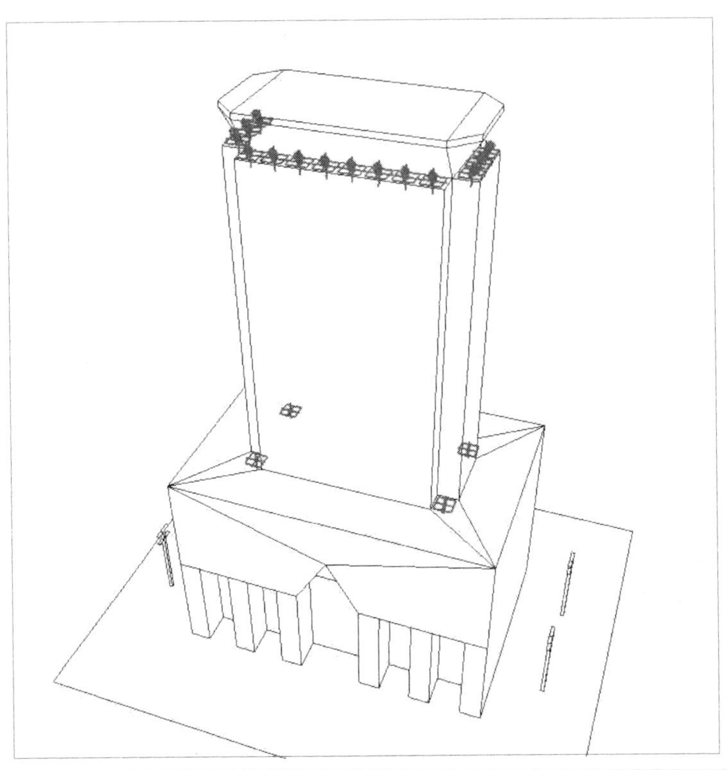

그림 1.3.27 1KUP-SY

PART1 <250UP-ASY: 250W 비대칭형 투광기>

5.19. Layers table에 250UP-ASY를 생성하여 make current를 클릭하고, Luminaires table에서 "250UP-ASY"을 메인화면으로 드래그한 후, 마우스 우측버튼을 클릭하여 Transformation을 선택한다.

Transformation
Move | Rotate | Scale | Aim | Insertion Point | Drag Increments
Absolute Relative Pick
Absolute Coordinates:
x: y: z:
17000 15000 20000
Snap to Nearest Vertex
OK Cancel Apply Help

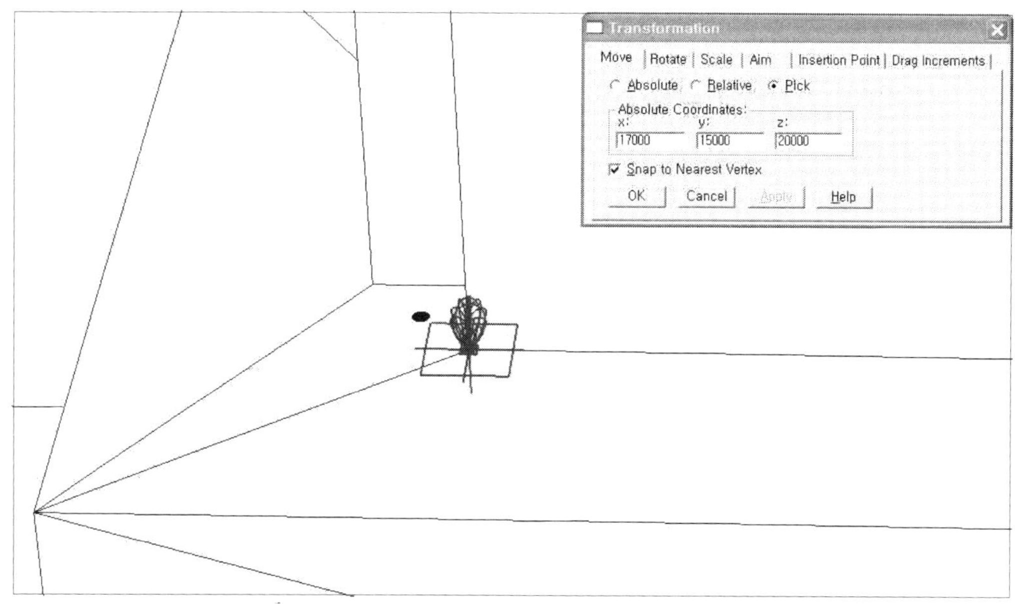

그림 1.3.28 Move/ Pick

Transformation
Move | Rotate | Scale | Aim | Insertion Point | Drag Increments
Absolute Relative Pick
Offsets:
x: y: z:
1000 -2000 0
OK Cancel Apply Help

그림 1.3.29 Move/ Relative

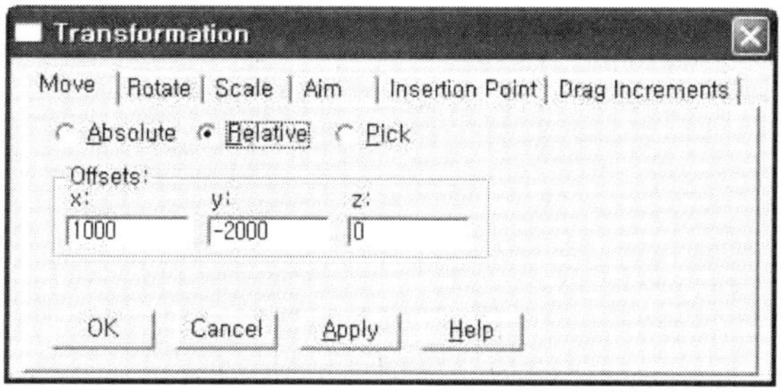

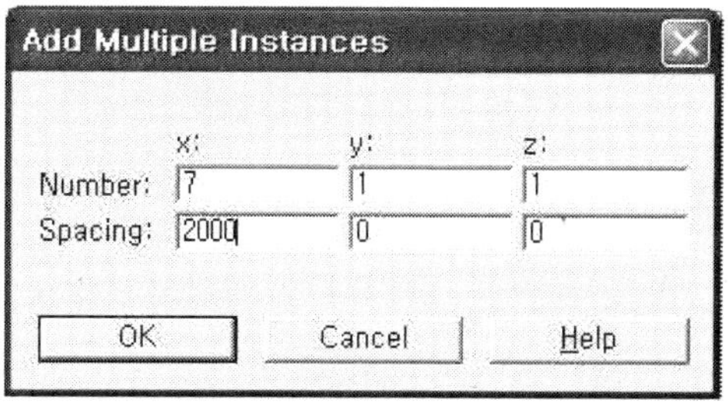

Add Multiple Instances
x: y: z:
Number: 7 1 1
Spacing: 2000 0 0
OK Cancel Help

그림 1.3.30 Multiple

5.20. Transformation의 Move(그림 1.3.28~29), Multiple Duplicate(그림 1.3.30)의 작업을 수행하여 그림 1.3.31과 같이 등기구를 위치시킨다.

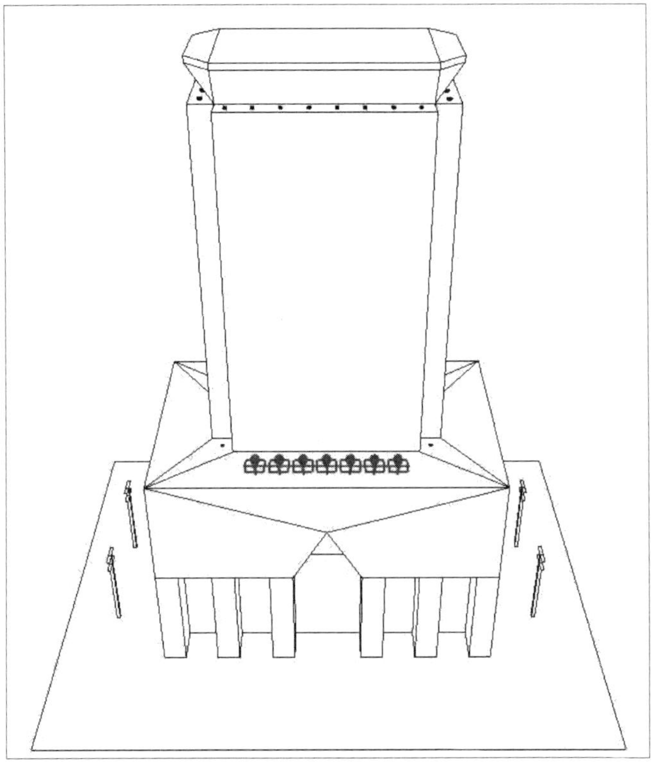

그림 1.3.31 250UP-ASY

PART2<150DL-SY: 150W 대칭형 다운라이트>

5.21. Layers table에서 마우스 우측버튼을 클릭하여 create를 선택하고 150DL-SY를 기입하여 새로운 Layer를 생성한 후에 새로 생성되어 활성화된 항목 위에서 마우스 우측버튼을 클릭하여 make current를 클릭한다.

☞ 등기구 설정 작업 시 필수작업임.

5.22. Luminaires table에서 "150DL-SY"을 메인화면으로 드래그한 후, 마우스 우측버튼을 클릭하여 Transformation을 선택한다.

5.23. Move/ Pick/ Snap to Nearest Vertex를 선택하여 그림 1.3.32와 같이 클릭하여 등기구를 위치시킨다.

5.24. 다시 Move/ Relative를 선택하고, x 1500, y 500, z 0을 기입하고 Apply를 클릭한다.

: 그림 1.3.33 참조

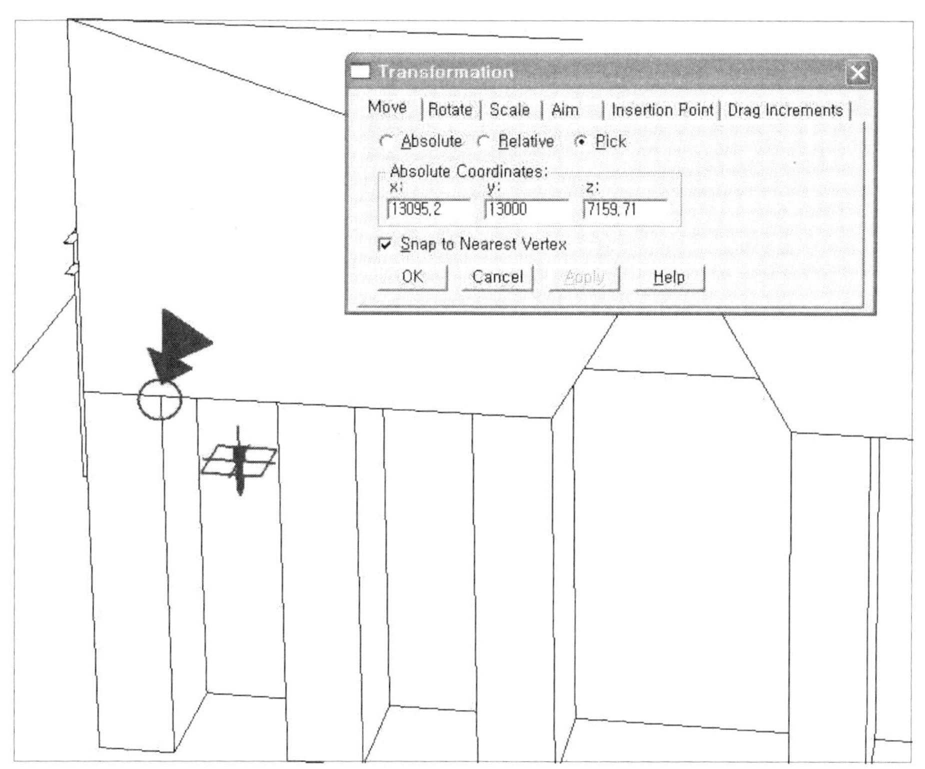

그림 1.3.32 Move/ Pick

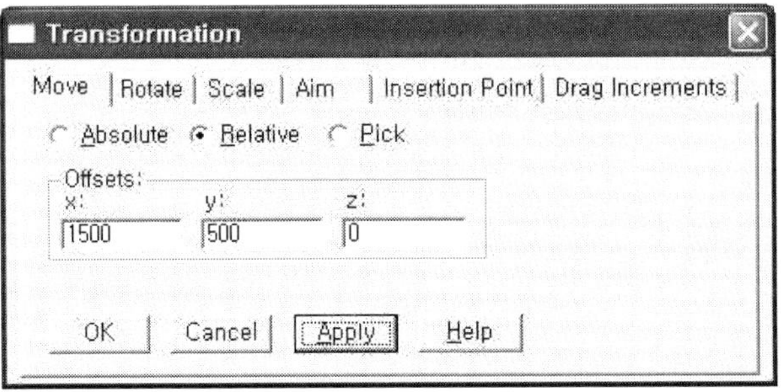

그림 1.3.33 Move/ Relative

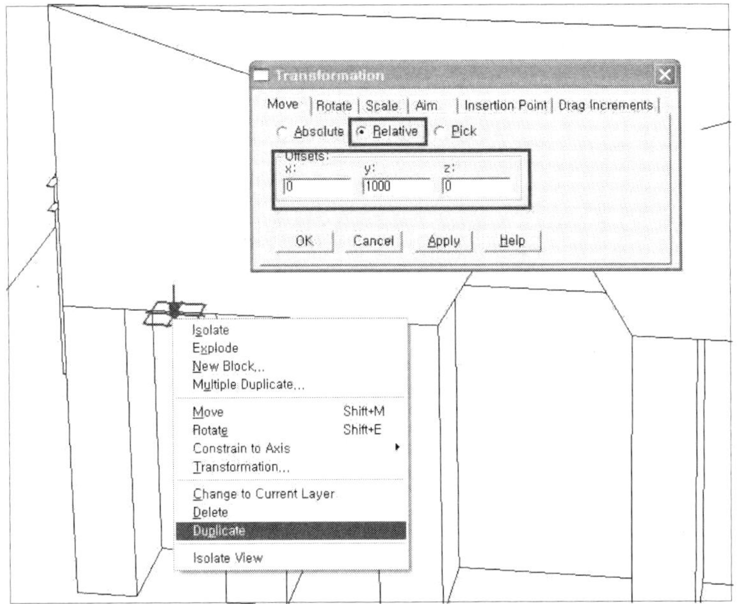

그림 1.3.34 Duplicate

5.25. 150DL-SY가 선택된 상태에서 마우스 우측버튼을 클릭하여 Duplicate를 선택한다.

5.26. 그 상태에서 마우스 우측버튼을 클릭하여 Transformation box/ Move 탭에서 Relative를 선택하고 Y: 1000을 기입하여 OK를 클릭한다.

5.27. 위의 작업을 반복하여 그림1.3.32~1.3.37과 같이 4곳에 등기구를 위치시킨다. 그림 1.3.35과 같이 위치된다.

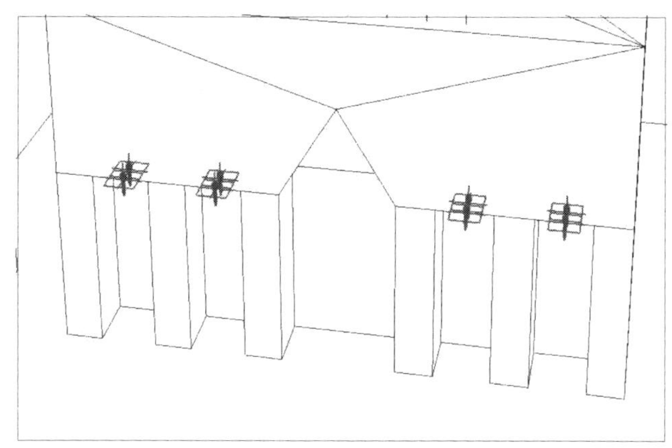

그림 1.3.35 150DL-SY

PART3<150FL2-ASY: 150W 비대칭형 투광기>

5.28. Layers table에 150FL2-ASY를 생성하여 make current를 클릭하고, Luminaires table에서 "150FL2-ASY"을 메인화면으로 드래그한 후, 마우스 우측버튼을 클릭하여 Transformation을 선택한다.

5.29. 그림 1.3.36와 같이 Move/pick을 이용하여 등기구를 위치시키고, Rotate(z축)를 이용하여 그림 1.3.36과 같이 등기구를 위치시킨다.

: , (Zoom Window)를 이용하여 그림 1.3.36과 같이 작업하기 용이한 화면을 잡는다.

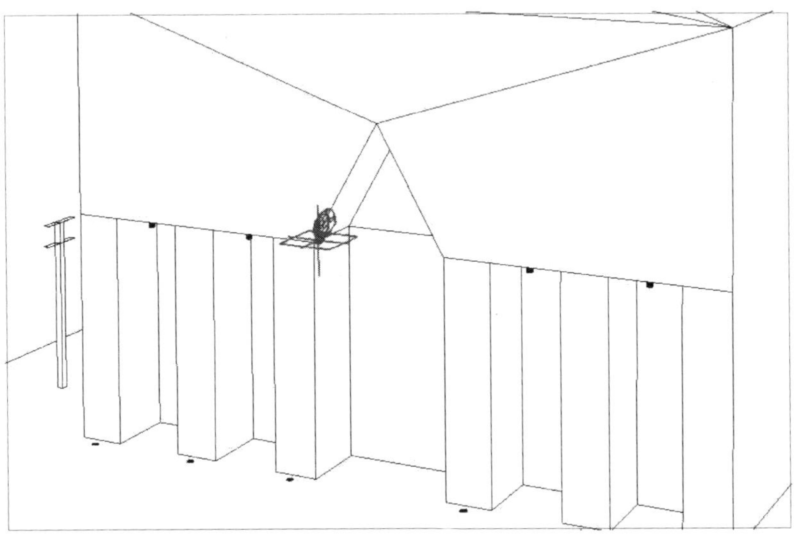

그림 1.3.36 150FL2-ASY

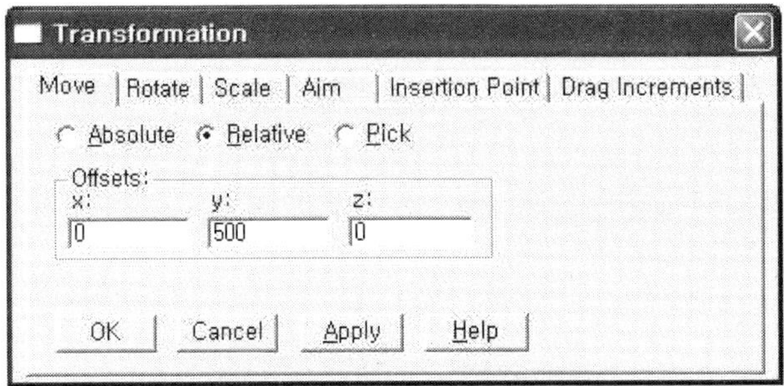

그림 1.3.37 Move/ Relative

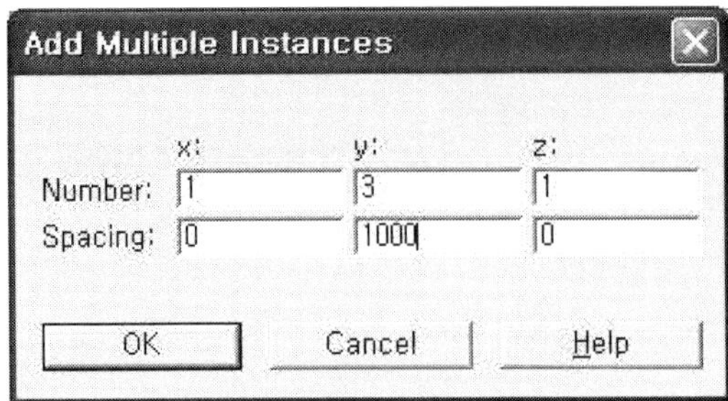

그림 1.3.37 Multiple

5.30. 위의 과정을 반복하여 맞은편에서 위치시킨다. 그리고 각각 중앙의 등기구를 아래쪽을 비추도록 하기 위하여 등기구를 선택하고, Transformation에서 Rotate/ Relative/ X축 기준으로 180도 회전시킨다.

: 결과는 그림 1.3.38와 같다.

: 등기구가 선택되지 않을 경우에는 , 가 클릭되어 있음을 확인하고 5.21.항목을 다시 실행한다.

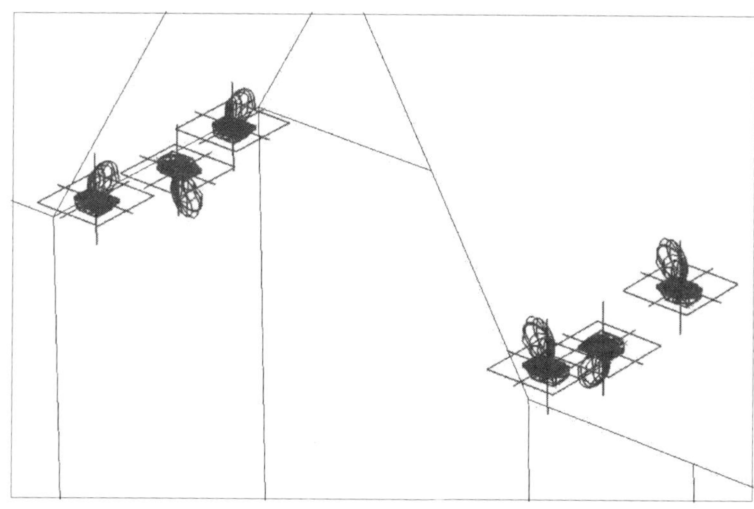

그림 1.3.38. 150FL2-ASY

〈150UP-ASY〉

5.31. Layers table에 150UP-ASY를 생성하여 make current를 클릭하고, Luminaires table에서 "150UP-ASY"을 메인화면으로 드래그한 후, 마우스 우측버튼을 클릭하여 Transformation을 선택한다.

5.32. Transformation/ Move/ Pick/ Snap to Nearest Vertex를 선택하여 좌측 기둥에 등기구를 위치시키고, 다시 Move/ Relative x 1000 y 500 z 0을

기입하고 Apply를 클릭한다. 이와 같은 작업을 각 기둥마다 적용한다.

:: 그림1.3.39 과 같이 6개 기둥 앞에 등기구가 위치됨을 확인할 수 있다.

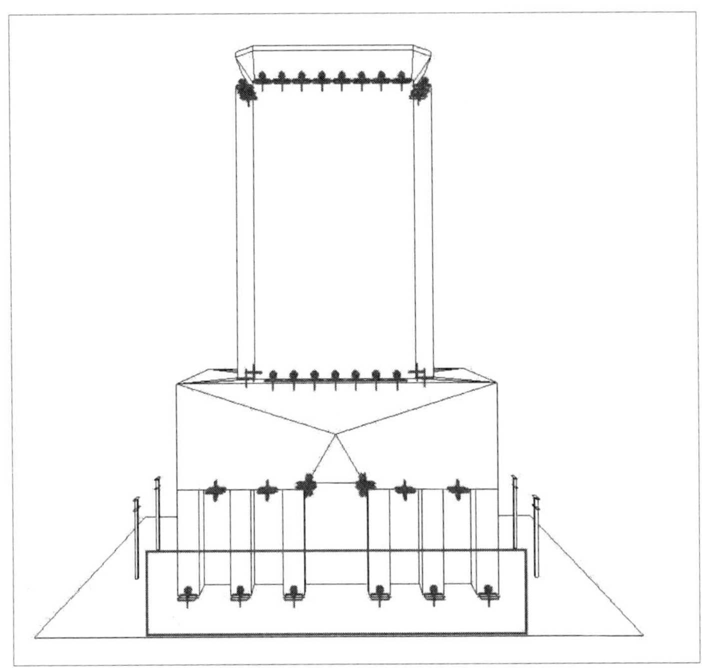

그림 1.3.39. 150UP-ASY

PART4<250FL-SY: 250W 대칭형 투광기>

5.33 Layers table에 250FL-SY를 생성하여 make current를 클릭하고, Luminaires table에서 "250FL-SY"을 메인화면으로 드래그한 후, 마우스 우측버튼을 클릭하여 Transformation을 선택한다.

5.34. Transformation/ Move/ Pick/ Snap to Nearest Vertex를 선택하고 그림 1.3.40과 같이 우측 첫 번째 Pole의 상단 모서리를 클릭하여 등기구를 위치시킨다.

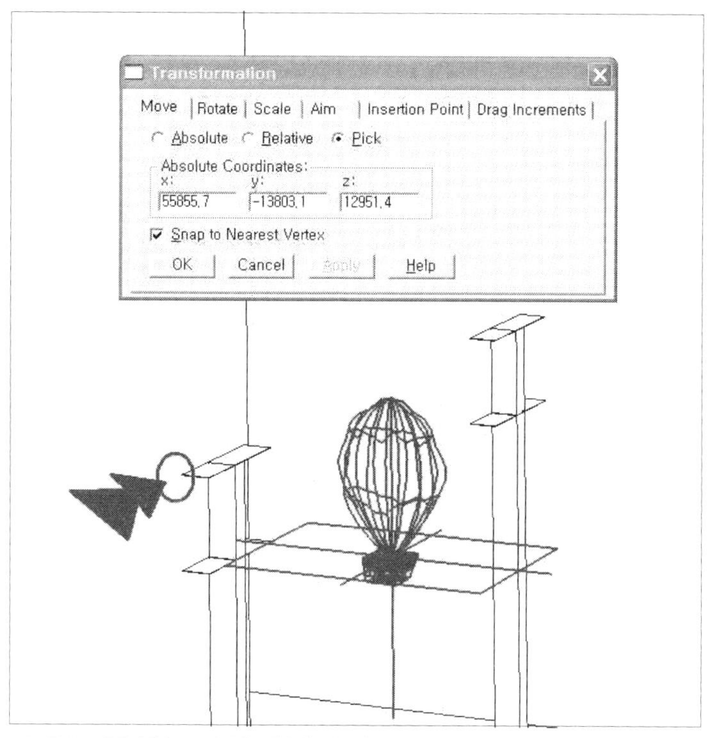

그림 1.3.40. Transformation/ Move/ Pick

5.35 그림 1.3.41과 같이 ROTATE를 사용하여 벽면의 상단을 비치도록 회전시킨다.

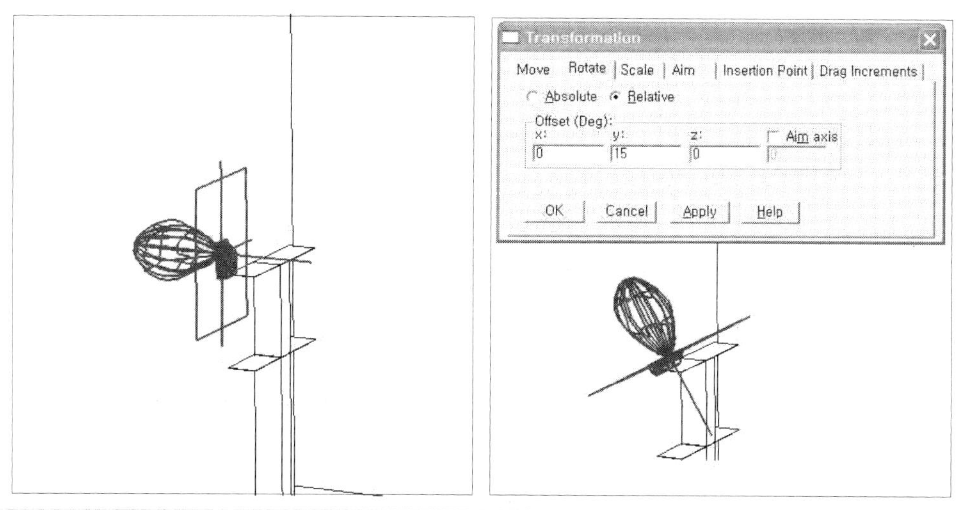

그림 1.3.41 Rotate/ Relative/ Y축

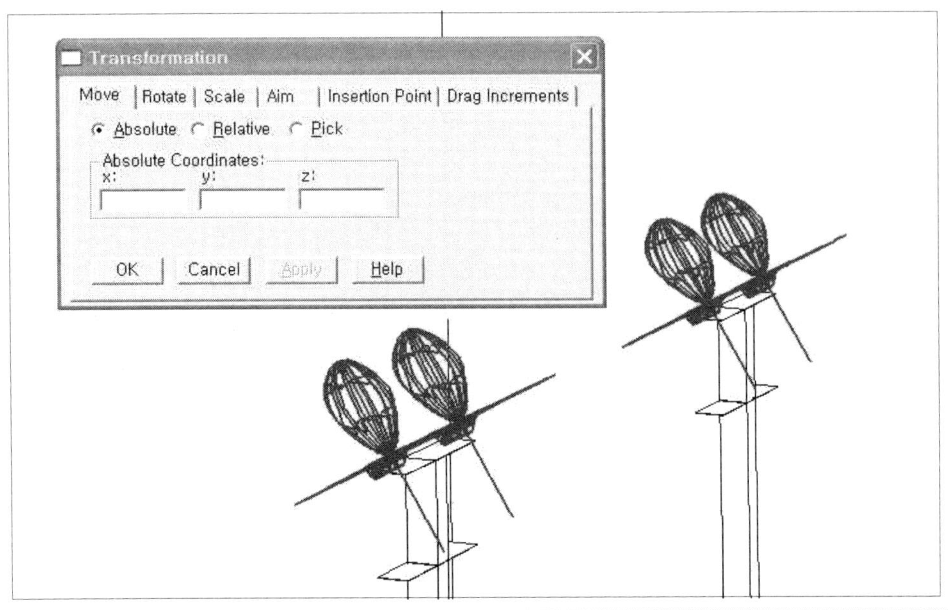

그림 1.3.42 250FL-SY

5.36. Duplicate와 Move/Pick을 사용하여 그림 1.3.42과 같이 위치시킨다.

: , , 등으로 이용하여 조명기구가 배치됨을 확인할 수 있다.

PART5<250FL-ASY: 250W 비대칭형 투광기>

5.37. Layers table에 250FL-ASY를 생성하여 make current를 클릭하고, Luminaires table에서 "250FL-ASY"을 메인화면으로 드래그 한 후, 마우스 우측버튼을 클릭하여 Transformation을 선택한다.

: 좌측의 폴에 250FL-SY같이 배열로 위치시킨다.

5.38. 좌측 폴에 대하여 250FL-SY와 같은 방식으로 등기구를 위치시킨다.

5.39. , 를 클릭한 상태에서 (Select All)를 선택하여 그림 1.3.43처럼

조명기구의 전체 배치상황을 확인한다.

: (Deselect All)하여 선택된 조명기구를 해제한다.

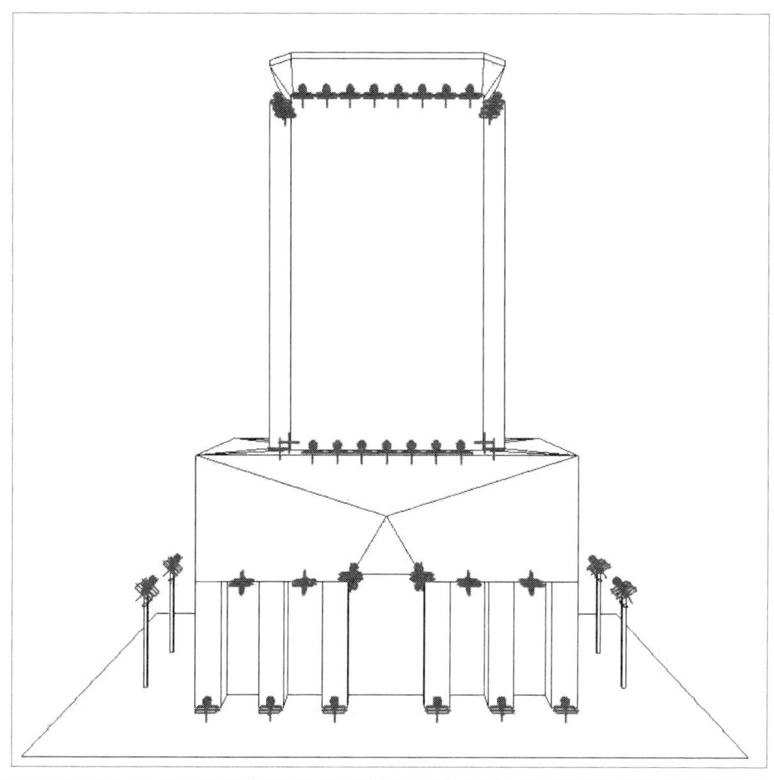

그림 1.3.43 등기구 위치 완료

5.40. , (Solid), , , 을 순차적으로 클릭하여 그림 1.3.44과 같이 됨을 확인한다.

☞ 확인 후에 , 을 클릭하여 화면을 정리하고, 파일을 저장한다.

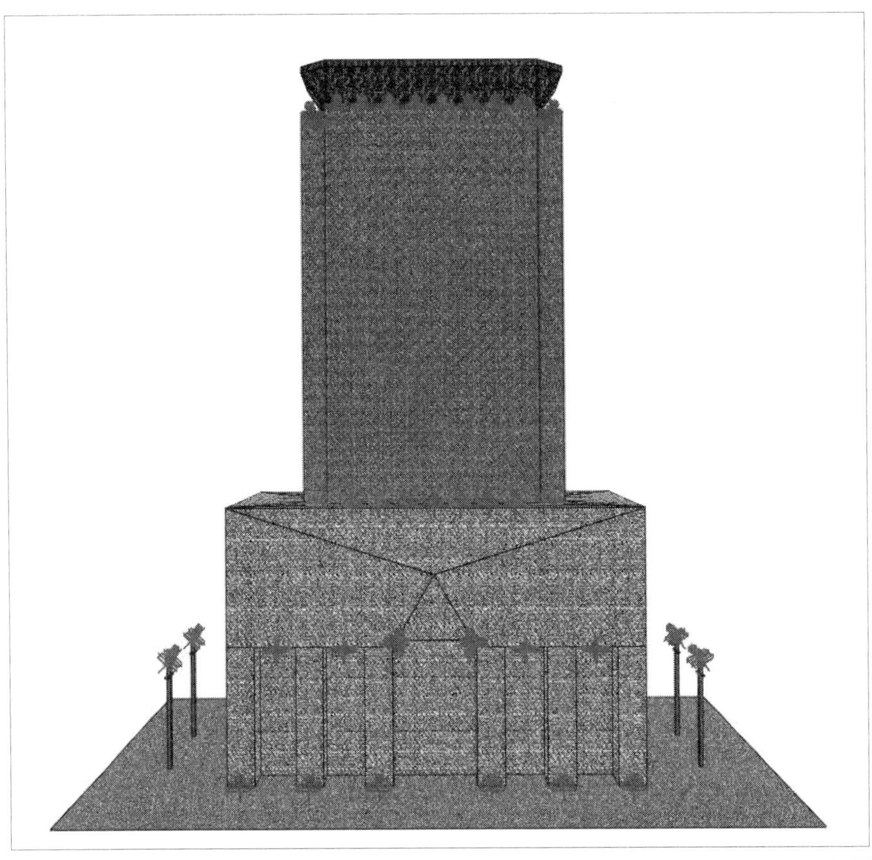

그림 1.3.44 재질 및 등기구 설정 완료

6. 조명계산하기

PART6

6.1. [icon]를 클릭하고, [icon] Solid 버튼을 클릭한다.

6.2. Process〉 Parameters를 선택하여 우측하단의 Wizard를 클릭한다.

6.3. 조명계산의 정도(총 5단계)에서 5단계를 선택한 후, "다음"을 클릭한다. 주

광적용에 대하여 “No”를 선택하고, “다음”을 클릭하고 “마침”을 클릭한다.

: 그림 1.3.45 참조

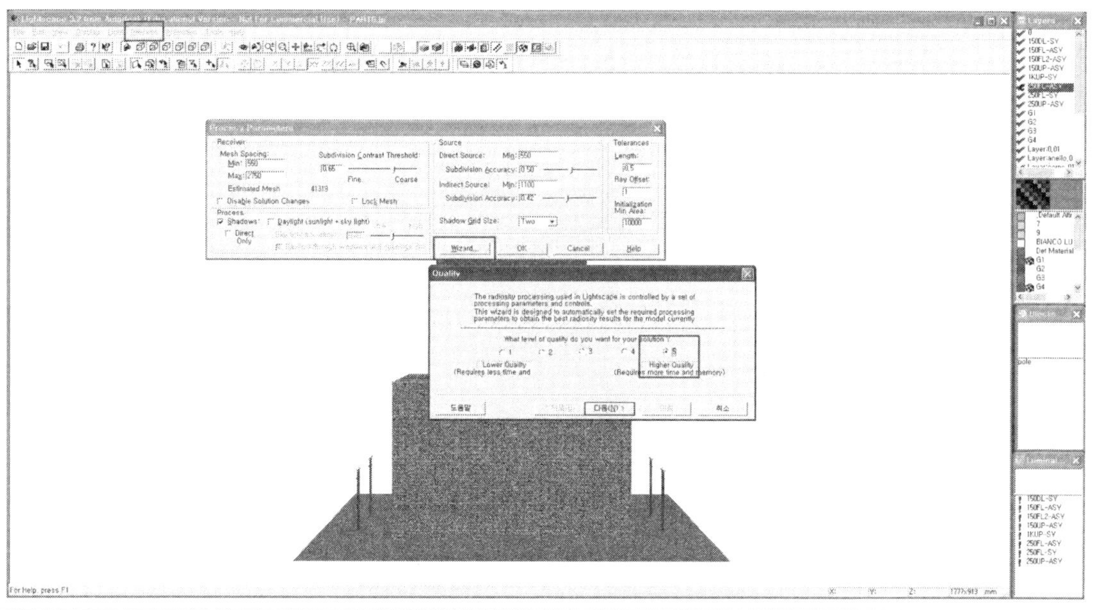

그림 1.3.45 Process Parameters

6.4. Process Parameters 박스에서 OK를 클릭하고 박스를 닫는다.

6.5. 를 클릭하면 저장여부물음에 확인한다. 전체화면이 검게 되면, 메인화면 상단의 확장자명이 lp에서 ls로 바뀐다.

6.6. 를 클릭한다. 조명계산이 진행된다.

6.7. 메인화면 좌측하단의 계산진행률 85[%]를 넘으면 를 클릭하여 계산을 멈춘다.

: 진행률이 높을수록 정확도가 높아지지만, 어느 정도까지 진행되면 계산값의 차이는 거의 없다.

: Orbit을 이용하여 모델을 살펴본다.

PART7

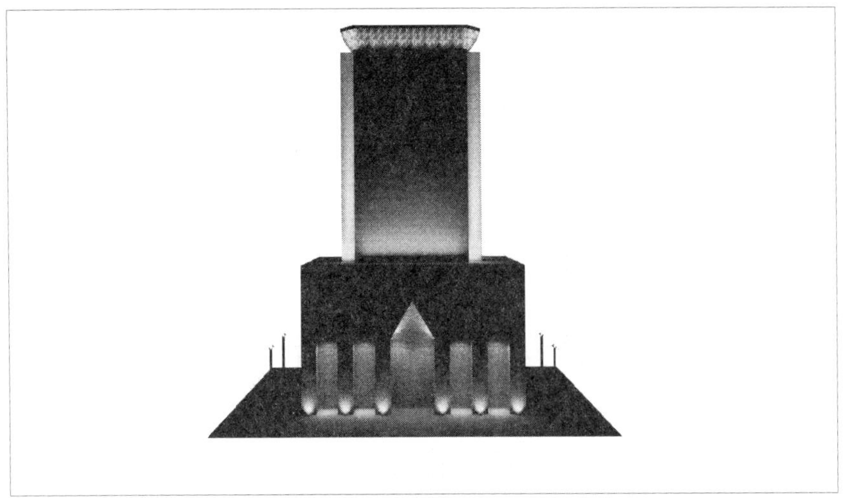

그림 1.3.46. 결과물-정면

그림 1.3.47 결과물-우측면

6.8. Light〉 Analysis를 선택하여 그림 1.3.48와 같이 Display에서 Quantity : illuminance, Max : 500으로 설정하고 Satistics 탭으로 이동한 후에 원하는 부분을 클릭한다.

: 클릭한 부분의 조도와 그 영역의 조명데이터(평균조도, 최대조도, 최소 조도 등)를 알 수 있다.

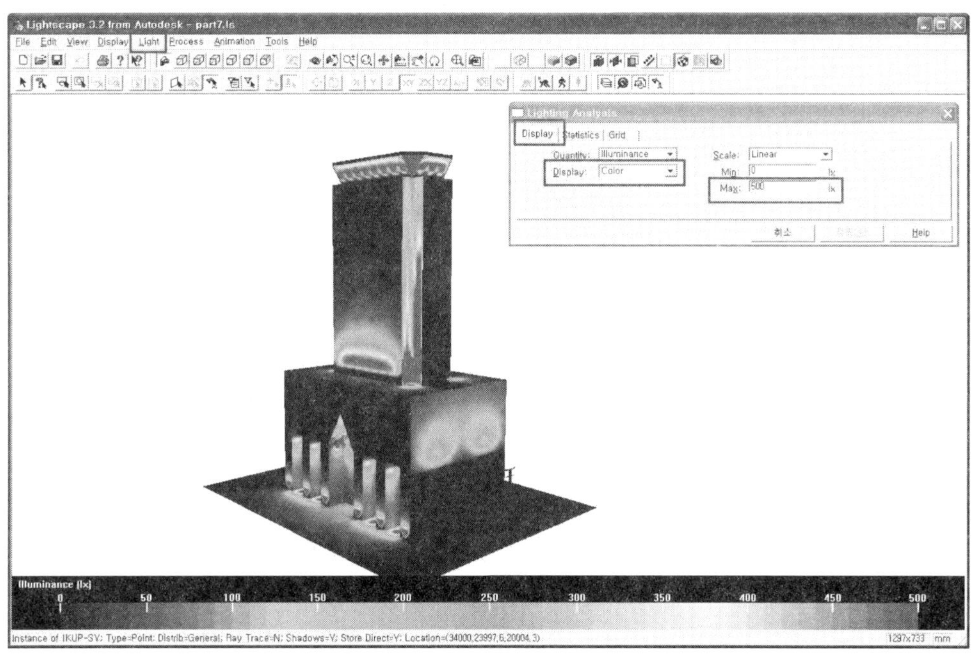

그림 1.3.48 Light/ Analysis/ Display

6.9. [icon], [icon]를 이용하여 조명 계산된 모델을 살펴보고, 각 면을 클릭하여 조명 계산된 값을 확인 한다.

: 배광타입이 다른 양쪽 폴 조명이 어떻게 표현되었는지 확인한다.

6.10. 등기구의 위치, 조준각도 및 등기구의 배광데이터를 변경하여 결과 값을 살펴본다.

[부록] LED배열과 글로브의 형태 시뮬레이션

등기구에서 글로브 하단부분의 엠보는 반구 형태로서 각도는 45° , 지름은 각각 8.2 mm, 5.0 mm로 하였고 LED발광면의 중심부로부터 거리는 30 mm, 50 mm 하였다.

표 1. LED의 간격과 글로브의 형태에 따른 시뮬레이션 구분.

LED의 간격 [mm]	LED광원 등기구의 글로브 형태			시뮬레이션 수
	사용 유·무		거리*	
8.2	무		-	1
	유	볼록 원형	30.0/50.0	2
		엠보간격 8.2	30.0/50.0	6
		엠보간격 5.0		
		엠보간격 5.0**		
10.0	무		-	1
	유	볼록 원형	30.0/50.0	2
		엠보간격 8.2	30.0/50.0	6
		엠보간격 5.0		
		엠보간격 5.0**		
15.0	무		-	1
	유	볼록 원형	30.0/50.0	2
		엠보간격 8.2	30.0/50.0	6
		엠보간격 5.0		
		엠보간격 5.0**		

* LED발광면 중심으로부터 글로브까지의 거리

** 그림 2의 (c)

그림 1은 등기구 글로브의 엠보 구조로서 각도를 나타낸 것이며 그림 2는 엠보의 3가지 형태를 나타낸 것인데 그림 2의 (a)는 LED의 발광면 중심으로부터 글로브 엠보의 크기를 8.2 mm로 한 것이고, 그림 2의 (b)는 5.0 mm의 엠보 크기로 2개를, 그림 2의 (c)는 5.0 mm의 엠보 크기로 3개를 하였을 때 엠보의 중심부로 하여 글로브의 형태를 나타낸 것이다.

그림 3은 시뮬레이션 상에서 LED 49개를 배열한 형태이며 LED의 중심축으로 각각의 LED 간격을 8.2mm, 10.0mm, 15.0mm 3가지 형태, 즉 8.2mm / 10.0mm / 15.0mm 간격으로 배열하여 표 3과 같이 27가지를 수행하였다.

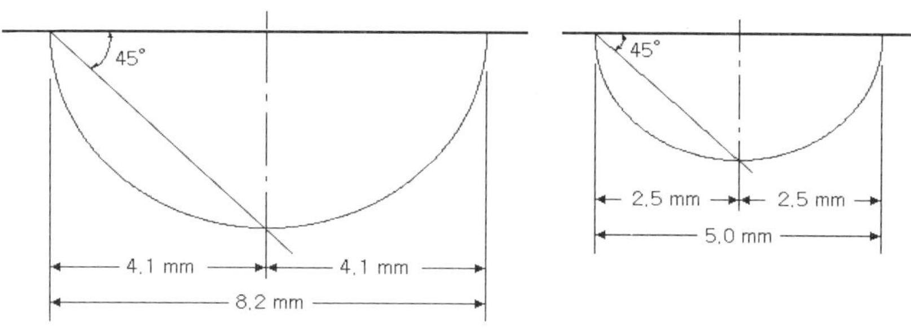

그림 1. 엠보의 구조와 각도.

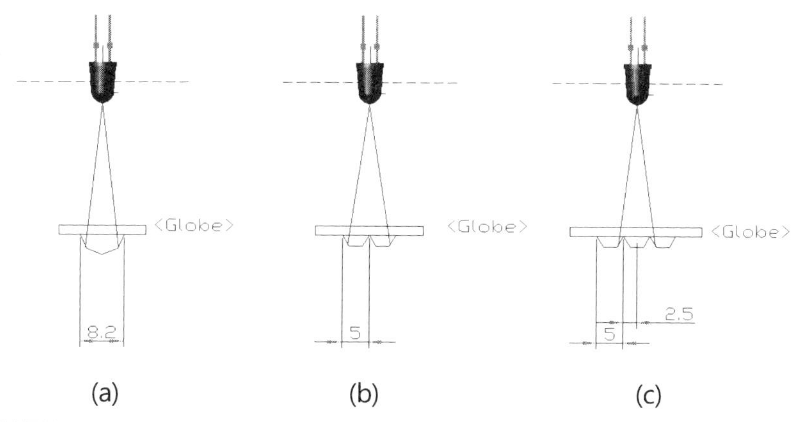

그림 2. LED램프에 적용된 글로브 형태.

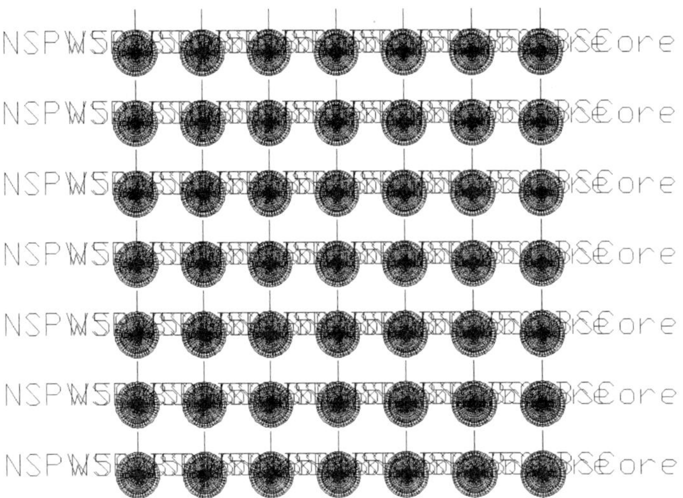

그림 3. LED램프 7×7개의 배열.

그림 4는 등기구에서 반사갓의 치수를 나타낸 것으로서 보안등으로 많이 사용되는 원형으로 하여 반사갓의 옆면은 56°, 27° 로 설계하고 등기구의 반사갓은 3D로 그림 5에 나타내었으며, 그 크기는 230 mm 원형으로 하였다. 또한 그림 6과 같이 반사갓을 부착한 등기구의 글로브는 5가지 형태로 해서 수행하여 비교 검토하였다.

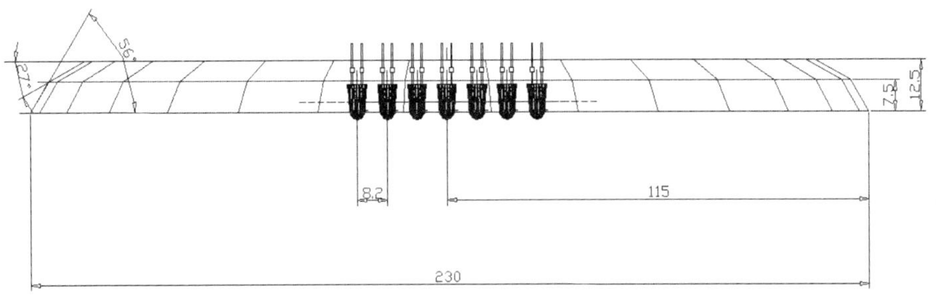

그림 4. LED와 반사갓의 치수

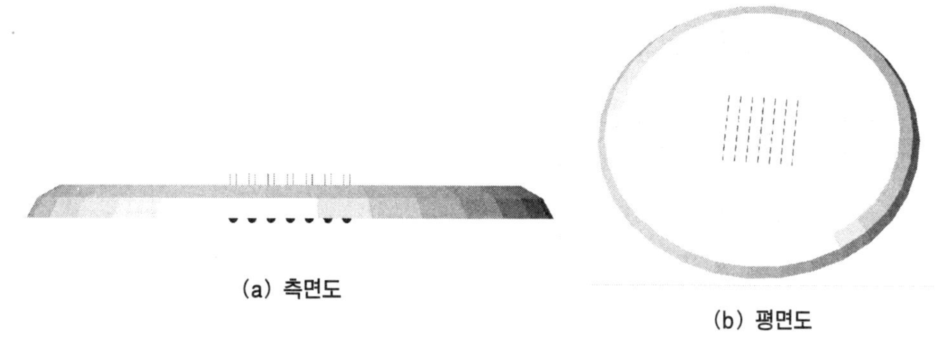

그림 5. 반사갓의 정면도와 평면도의 3D형태

부록-1. 시뮬레이션 과정

ACAD에서 작업한 LED 램프 파일을 시뮬레이션 프로그램에서 불러들여 그림 7과 같이 레이어(Layer)의 단위를 인식하고 LED램프의 발광과 반사갓이 인식되었는지 여부를 확인하였다. 이 중에서 "Layer to orient"는 CAD에서 작업한 레이어를 선택하는 부분이고 "surface orientation method"는 반사판을 인식하기 위한 여러 가지 방법을 나열해 놓은 것이다.

그림 8은 LED가 발광된 상태인데 여기에서 LED의 사양을 확인할 수 있다.

등기구의 Reflector Material은 Alanod 410G/3 88%와 Globe Material은 Generic사의 Clean Acrylic 92%를 적용하고, 그 후 그림 9와 같이 동일한 조건을 지정하여 시뮬레이션을 수행하였다.

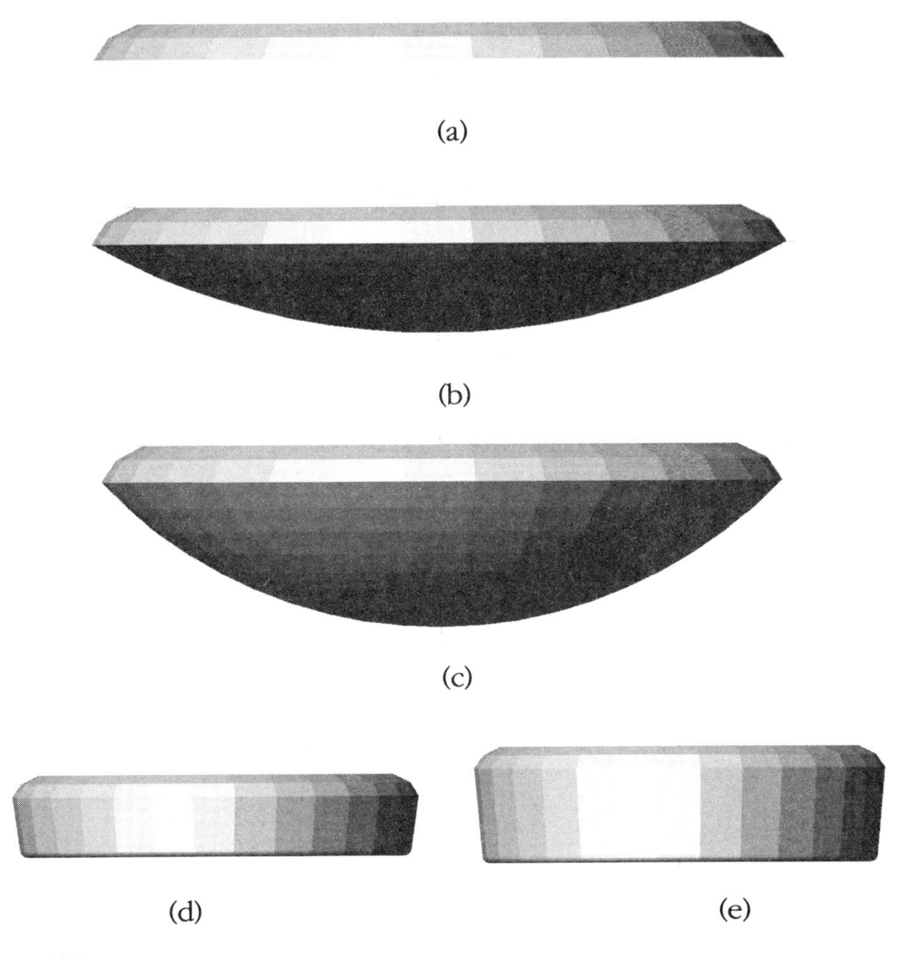

(a) 글로브 없음

(b) LED발광면 중심으로부터 글로브가 30 mm 떨어져 있을 때(글로브의 각 15°)

(c) LED발광면 중심으로부터 글로브가 50 mm 떨어져 있을 때(글로브의 각 23°)

(d) LED발광면 중심으로부터 글로브가 30 mm 떨어져 있을 때 엠보형 등기구 형태(글로브의 각 8°)

(e) LED발광면 중심으로부터 글로브가 50 mm 떨어져 있을 때 엠보형 등기구 형태 (글로브의 각 5°)

그림 6. 반사갓에 부착된 글로브의 형태

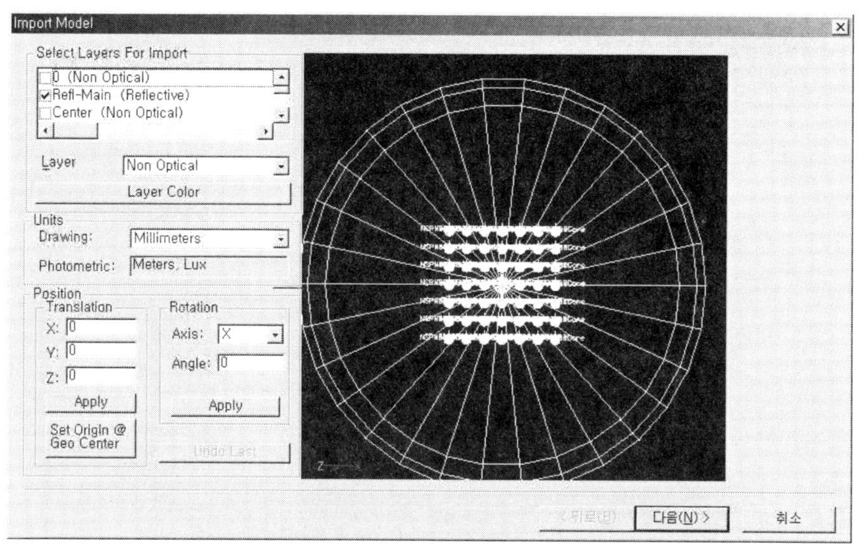

그림 7. LED 배열 형태(Form of LED arrangement)

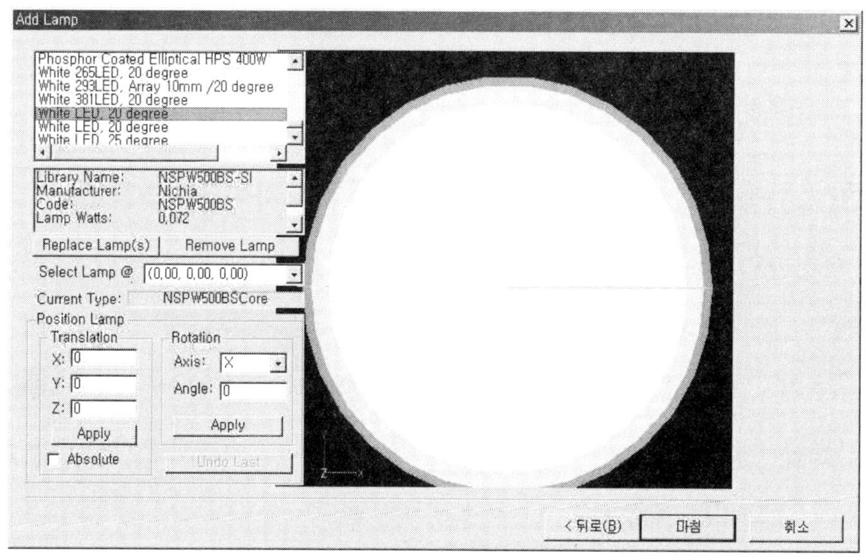

그림 8. LED광원의 발광(Radiation of LED light source)

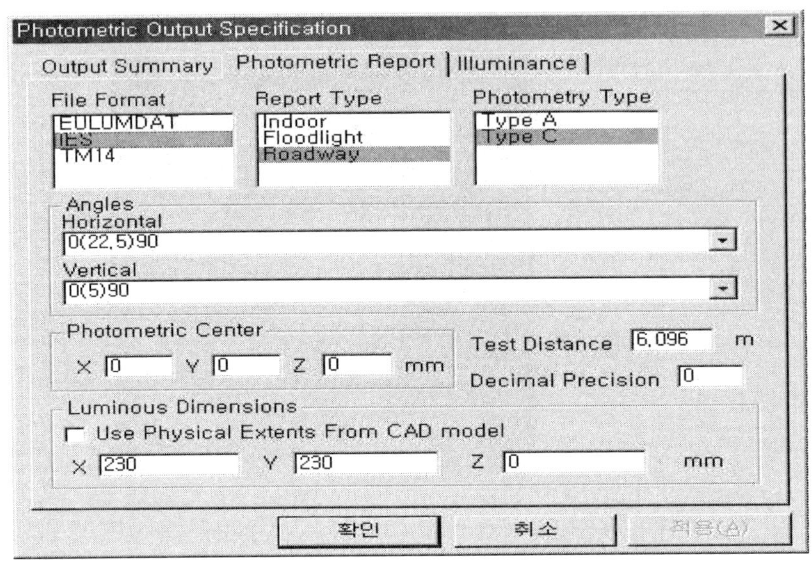

그림 9. 포토메트릭 출력 사양(The photometric output specification)

"Photometric Output Specification"에서는 국내에서 가장 많이 사용되는 IES 파일을 배광데이터로 사용하였다. "Report Type"에서는 Roadway로, Photometry type은 C로서 각도는 수평 0(22.5)90, 수직 각도 0(5)90으로 하여 측정거리(test distance)는 6.096m로 설정하여 수행하였다.

그림 10에서 "Raytrace Settings"은 LED 광원에 대한 정의 부분이라고 할 수 있는데, "Light sources"는 기판에 배열한 LED 광원에서 생성되어질 광선(ray)의 개수를 정하는 것으로써 시뮬레이션을 진행하는 데 무리가 없을 정도인 50만개로 설정을 하였다. 그리고 "Ray termination"은 세 부분으로 나누어지는데 그 중 "Number of Reflections"은 초기 광원에서 발산된 빛이 소멸되어 질 때까지 몇 번의 반사를 수행할 것인지를 정하는 것으로써 그 수를 20으로 설정하고 "Spawn Limit" 광원에서 빛이 반사판에 비추어지면서 빛이 몇 개로 쪼개어지는 지를 정하는 부분으로 1개를 선택하였다.

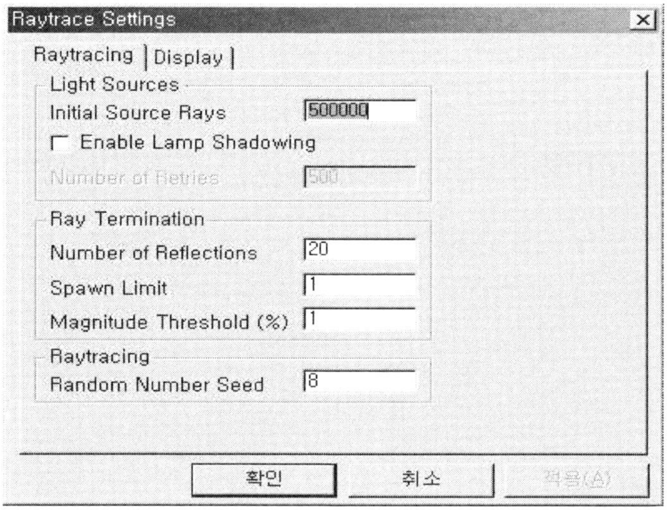

그림 10. 레이 트레이스 설정(The raytrace settings)

부록-2 시뮬레이션 결과

글로브가 없을 때 49개의 LED를 각각 8.2 / 10 / 15 mm로 배열했을 때 각각의 기구효율 분포도는 94.3 % / 94.8 % / 95.2 % 로서 15mm로 한 것이 95.2 %로서 가장 높은 효율로 나타났으며, 등기구의 글로브가 있고 LED발광 면 중심으로부터 글로브가 30 mm 떨어진 거리에서 49개의 LED를 각각 8.2 / 10 / 15 mm로 배열했을 때 각각의 기구효율 분포도는 86.6 % / 86.8 % / 86.7 % 로서 10 mm로 한 것이 86.8 %로서 가장 높은 효율로 나타났다.

그림 11은 등기구의 글로브가 없을 때 49개의 LED를 각각 8.2 / 10 / 15mm로 배열했을 때 기구효율 분포도를 나타낸 것이고 그림 12는 글로브가 있고 반사갓 으로부터 글로브가 30 mm떨어진 거리에서 49개의 LED를 각각 8.2 / 10 / 15 mm로 배열했을 때 기구효율 분포도를 나타낸 것이다.

그림 13은 글로브가 있고 LED발광 면 중심부로부터 글로브가 50 mm떨어진 거리에서 LED를 각각 8.2 / 10 / 15 mm로 배열했을 때 기구효율 분포도를 나타낸 것으로써 거의 비슷한 결과인 87.1 % / 87.5 % / 87.5 %로 나타났다.

| 제2장 |

Relux를 이용한 조명시뮬레이션

제1절 프로그램 설치하기

1. 시스템 권장 사항

설치에 권장되는 시스템의 요구 사항은 다음과 같다.

- Windows 2000/XP/Vista
- 2 GHz 이상의 Pentium duo core, 1 GB RAM 이상(VISTA에서는 2 GB 이상)
- OpenGL을 지원하는 그래픽 카드
- 필요한 하드 디스크 용량은 선택한 설치 타입에 따라 변할 수 있다.

2. DVD를 이용한 설치

프로그램을 설치하기 전에 다른 모든 프로그램을 닫아야 한다. DVD 드라이브에 설치 DVD를 넣으면 ReluxSuite 셋업이 자동으로 시작될 것이다.

설치 과정이 시작되지 않으면, 자동시작 기능이 비활성화 되어 있다는 것을 의미한다. 사용자는 윈도우 탐색기를 열고 Relux DVD가 위치한 드라이브를 선택한 후 start.exe 파일을 실행시켜 설치를 시작한다.

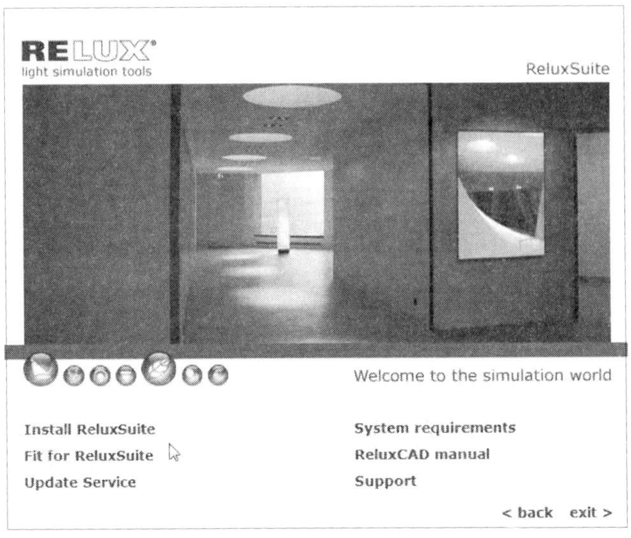

그림 2.1.1 설치 시작화면

설치 프로그램은 사용할 언어를 선택하기 위한 화면으로 시작한다. 여기서 선택한 언어는 단지 설치 단계에서만 사용한다. 다른 언어들은 나중에 프로그램을 사용할 때 선택할 수 있다.

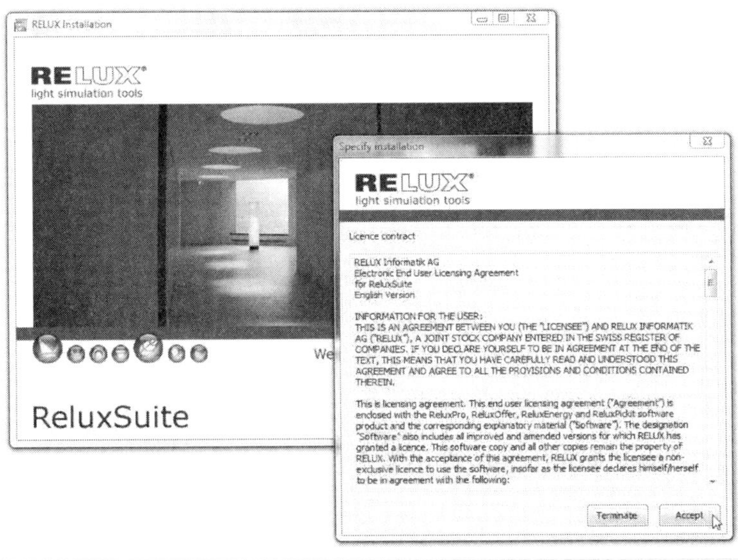

그림 2.1.2 ReluxSuite 설치와 라이선스 동의

ReluxSuite을 눌러 메인 프로그램의 설치를 시작한다. (그림 11).

사용자는 license agreement를 읽고 설치를 계속할 수 있도록 수락한다.

사용자가 위치한 country를 선택한다.

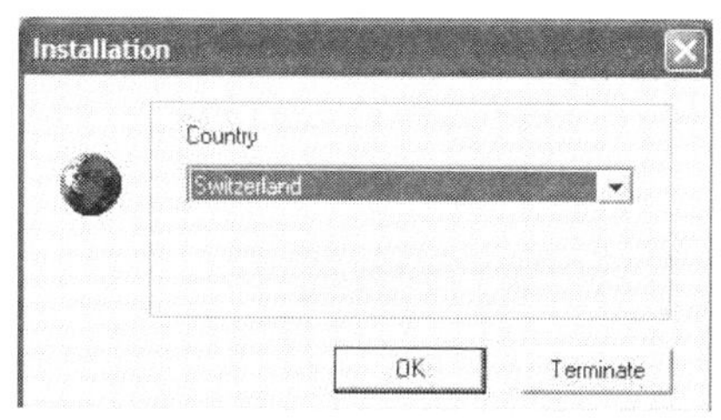

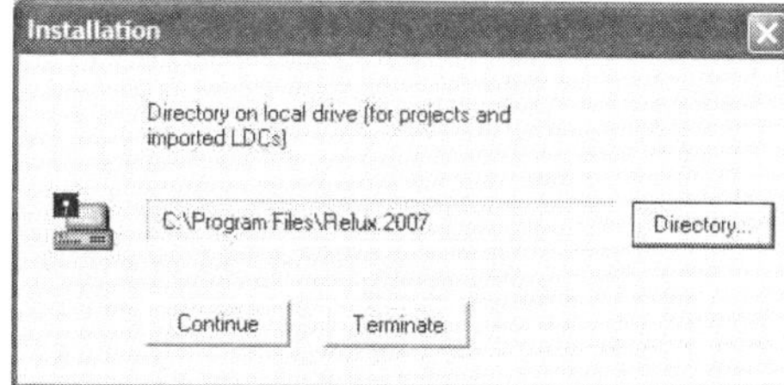

그림 2.1.3 country 선택과 설치 경로 선택

다음 창에서, 사용자는 ReluxSuite 설치를 위한 경로를 지정할 수 있다. Relux에 제안되는 기본 경로는 C:\ Program Files이다.

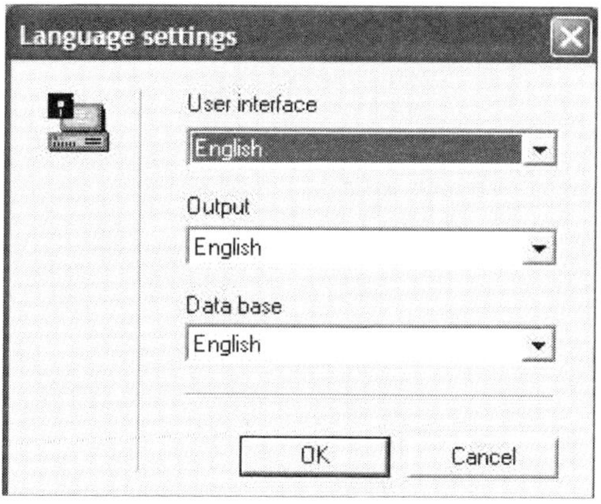

그림 2.1.4 언어 선택

일단 setup routine이 프로그램 데이터를 복사하면, 사용자는 user interface, outputs, database에 대한 언어를 지정할 수 있다.(그림 2.1.4)

사용자는 프로그램에서 이 세팅들을 언제라도 변경시킬 수 있으며 사용자는

manufacturer data를 하드디스크에 설치하거나 (충분한 공간과 약 20분 정도의 설치 시간이 있다면 이것을 권장한다) 이 데이터를 DVD에서 불러와 사용하고자 할지를 선택할 수 있다. 네트워크인 경우에는, 모든 유저들이 데이터에 접근할 수 있도록 데이터를 네트워크 드라이브에 복사하기를 권장한다. 사용자는 tick을 더블클릭 하거나 +++ 또는 ---을 사용하여 manufacturer들 을 선택할 수 있다.

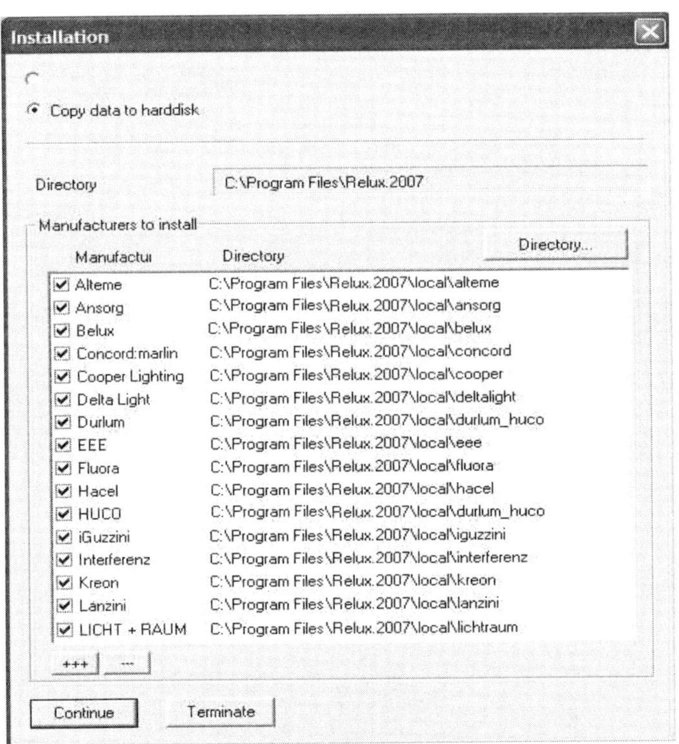

그림 2.1.5 조명기구 설치

Database들은 나중에 Relux Administrator를 사용하여 언제라도 하드 디스크에 설치할 수 있으며 만약, project에 하드디스크에 설치되지 않는 회사의 luminaire가 필요하다면, 프로그램은 사용자에게 Relux Professional DVD를 드라이브에 넣도록 알려줄 것이다.

제2절 RELUX INTERFACE

Relux interface는 네 개의 주요 영역으로 구성된다:

- Main menu
- Toolbars
- Project manager
- 개별 메뉴를 갖고 있는 Action window

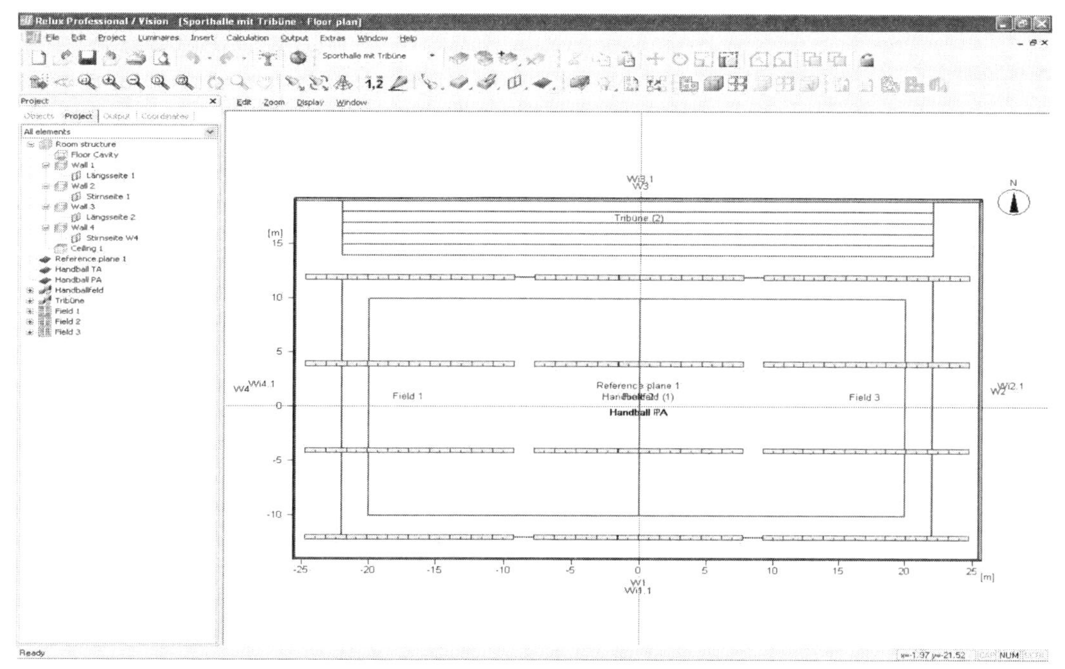

그림 2.2.1 Relux interface

사용자의 필요에 알맞게 Relux interface를 변경할 수 있다. (사용자는 툴바를 이동시키거나 보이지 않도록 꺼버릴 수 있고 Project Manager의 일부분을 숨길 수 있다.). 메인 메뉴 옵션의 *Window Reset layout* 을 선택하여 변경하기 이전의 원래 형태로 복원시킬 수 있다.

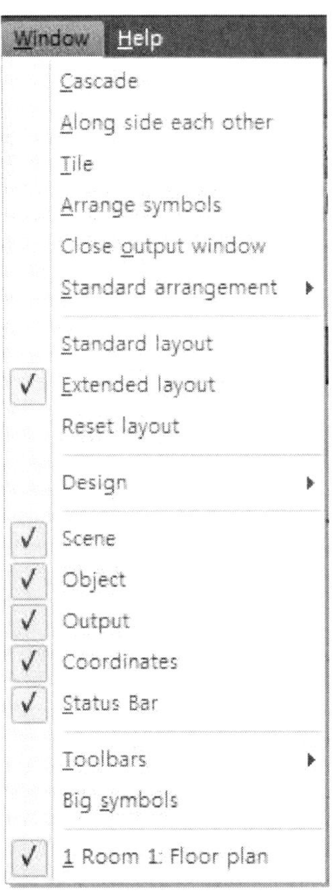

그림 2.2.2 Window main menu

사용자는 메인 메뉴 옵션의 *Window big symbols*을 사용하여 툴바에 있는 아이콘의 크기를 크게 하거나 작게 만들 수 있다.

사용자는 메인 메뉴 옵션의 *Window Status Bar* 를 통하여 status bar를 켜거나 끌 수 있다.

제3절 Toolbars

Relux에는 여러 개의 툴바가 있다:

Standard

Scenes

Tools

Settings

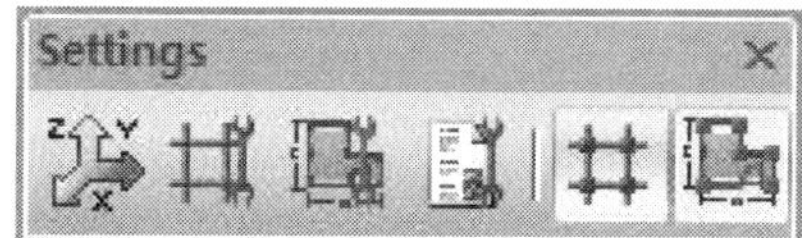

View

Insert

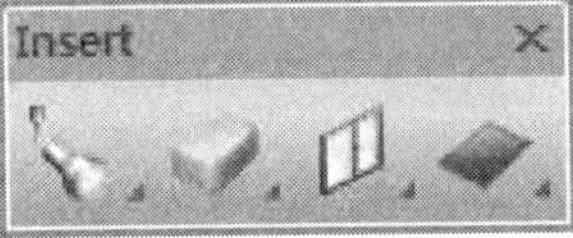

Calculate

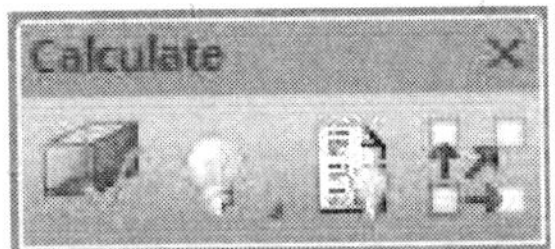

Outputs

툴바에 있는 모든 아이콘들을 항상 사용할 수 있는 것은 아니다. 아이콘을 사용할 수 있는지 없는지는 어떤 object (예. luminaire, furniture, measuring surface)를 선택했는지, 표시되는 Action Window가 어떤 것인지, 선택한 calculation이 어떤 것인지에 따라 다르다. 비활성화 된 아이콘들은 회색으로 나타난다. 예를 들어 현재까지 calculation을 수행하지 않았다면 outputs 툴바의 아이콘들은 회색으로 보일 것이다.

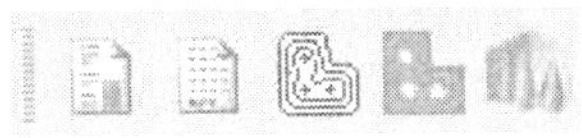

어떤 아이콘들은 아이콘 오른쪽 아래 부분에 화살표를 갖고 있는 것이 있다.

이것은 이 아이콘 아래에 다른 아이콘들이 숨겨져 있다는 것을 의미한다. 모든 아이콘들을 표시하기 위해서는 아이콘을 마우스의 왼쪽 버튼을 사용하여 누르고 있으면 잠시 후에 나타난다.

Undo action 과 Redo action 아이콘은 오른쪽에 화살표가 있다.

마우스의 오른쪽 버튼을 사용하여 이 화살표를 누르면 undone 또는 redone 할 수 있는 모든 기능들을 보여주는 창이 나타날 것이다.

그림 2.3.1 Undo action 창

개별 툴바 또는 모든 툴바를 보이거나 숨기기 위하여 메인 메뉴 옵션 *Window Toolbars* 을 사용할 수 있다. 박스에 틱이 있는지 없는지에 따라 툴바가 보이거나 안보일 것이다.

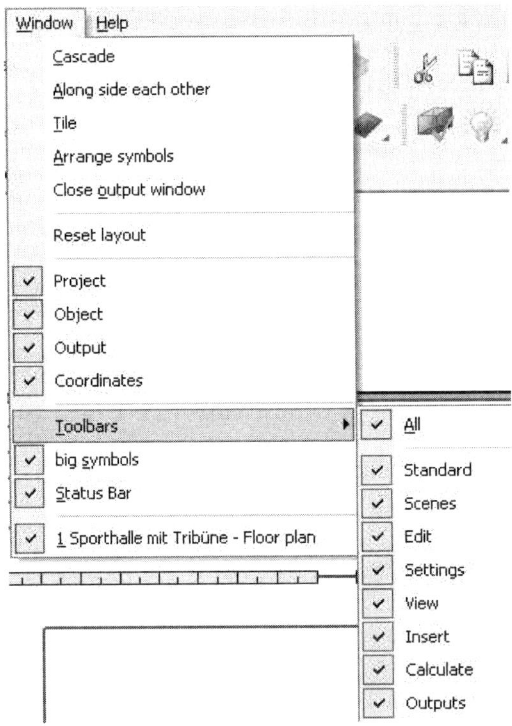

그림 2.3.2 툴바 보이기와 숨기기

또한 툴바를 이동시키고 다르게 배열 할 수도 있다. 예를 들어 모든 툴바를 다른 툴바 아래에 위치시킬 수도 있다.

툴바를 이동시키기 위하여, 툴바의 왼쪽 끝에 커서를 위치시켜야 한다. 그러면 커서가 다른 모양으로 변할 것이다. 이제 마우스 왼쪽 버튼으로 툴바를 선택하고 누른 채로 원하는 위치로 툴바를 드래그 한다.

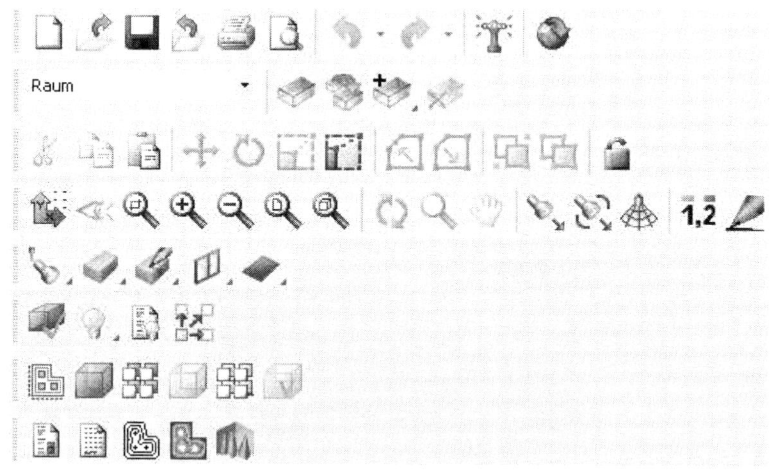

그림 2.3.3 이동된 툴바들

제4절 Project Manager

Project Manager에서 프로젝트를 관리할 수 있다. Objects, Projects, Outputs 탭을 갖고 있고, Coordinates 창이 있다.

Objects 탭은 데이터베이스로부터 luminaires, sensors, 3D objects/furniture, material/textures을 선택하고 Floor plan 또는 3D view 활성 창으로 Drag & Drop을 통하여 프로젝트로 통합시키는데 사용할 수 있다.

또한 미리 정의된 room elements (doors, windows, skylights, pictures), basic objects (cubes, working surfaces, pillars, partition walls), measuring elements (virtual measuring surface, reference plane for emergency lighting and escape route)을 선택하고 Floor plan 또는 3D view에 통합하는 것도 가능하다.

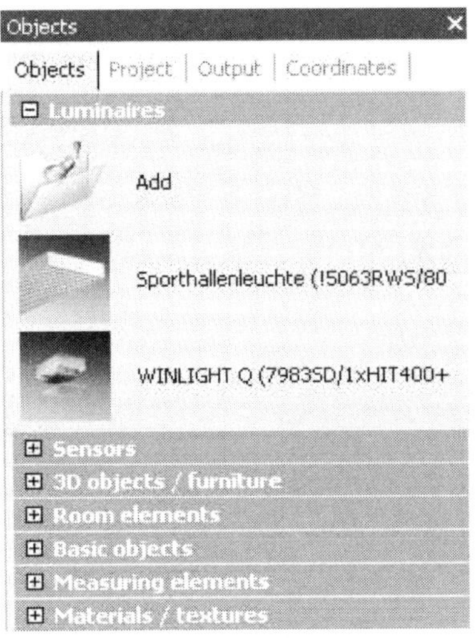

그림 2.4.1 Objects tab

Project Manager는 프로젝트 파일에서 몇 개의 rooms/installations을 관리하는데 사용할 수 있다. 프로젝트에 대한 다른 rooms/installations들은 Scenes 툴바에서 볼 수 있고 거기에서 선택할 수 있다.

그림 2.4.2 Administering different scenes in a project

Project 탭은 현재 선택된 room/installation (e.g. windows, measuring elements, luminaires)에 사용된 object들을 표시하도록 한다. **All elements**를 선택한다면, 모든 object들이 보일 것이다. **Luminaires**를 선택하면, 단지 개별 luminaire들이 보일 것이다. 프로젝트에 luminaire group들을 생성했다면, 이것들을 표시하려면 Groups을 선택해야 한다.

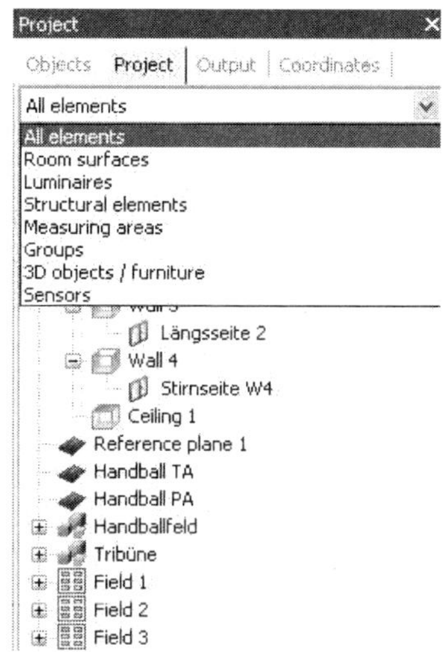

그림 2.4.3 표시된 오브젝트에 대한 메뉴를 갖고 있는 Project tab

개별 object(e.g. windows, measuring elements, luminaires)들은 다른 방법들로 수정될 수 있다:

선택된 object에 대한 context menu는 마우스 오른쪽 클릭으로 열거나, Properties 창을 더블 클릭하여 열 수 있다.

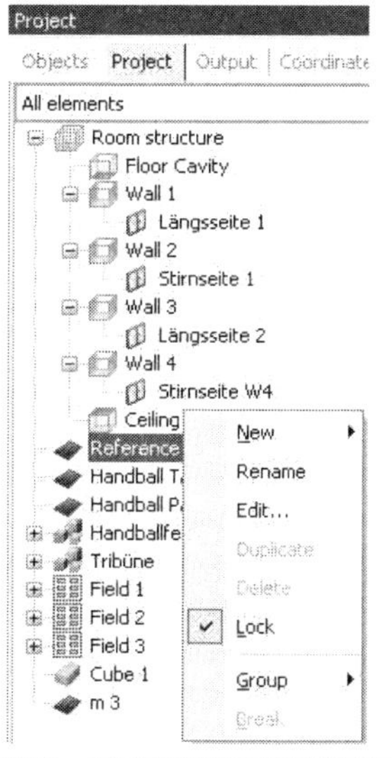

그림 2.4.4 reference plane에 대한 Project tab

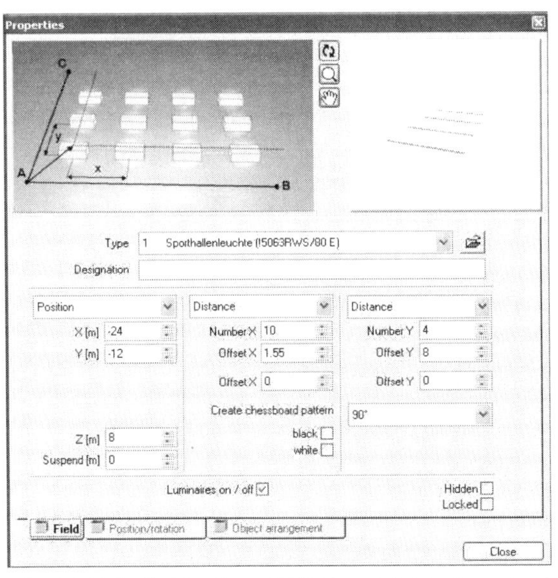

그림 2.4.5. luminaires에 대한 Properties 창

Output 탭은 활성 창에서 어떤 출력 창이 열리는지 보여준다.

디렉터리들은 다음과 같이 표시될 수 있다:

빨간 틱 ✓, i.e. 디렉터리에 대한 모든 하위 옵션들이 열린다.

회색 틱 ✓, i.e. 단지 디렉터리에 대한 개별 하위 옵션들이 열린다.

하위 옵션들은 다음과 같이 표시될 수 있다:

빨간 틱 ✓, i.e. 하위 옵션은 창처럼 표시된다.

파란 틱 ✓, i.e. 이 하위 옵션은 단지 새로운 하위 옵션이 선택될 때까지 활성 창에서 표시될 것이다.

빨간 모니터 ▣, i.e. 창은 항상 계산 후에 열릴 것이다.

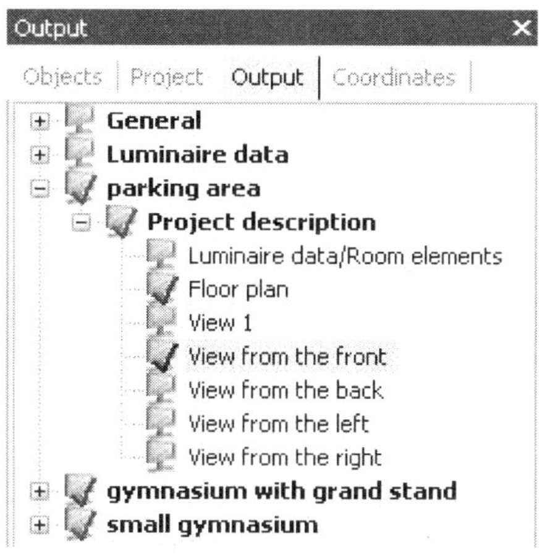

그림 2.4.6 Output tab

Coordinates 창은 position, rotation, size (i.e. luminaire group에 대한 위치)을 표시한다. 선택된 object들은 이동, 회전, 확대할 수 있다.

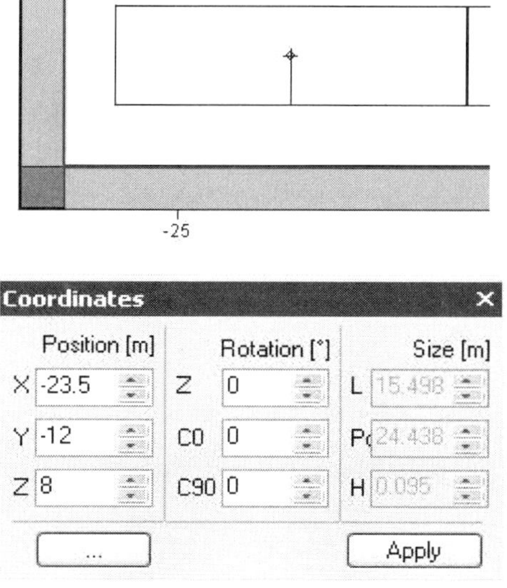

그림 2.4.7 "Coordinates" window

사용자가 요구사항에 알맞도록 Project Manager 모두 또는 일부를 재배치할 수 있다. 다른 display mode들은 Project Manager에 대한 context menu에서 선택될 수 있다.

*Hide*는 view로부터 창을 숨기는데 선택할 수 있다. 메인 메뉴 옵션 *Window appropriate tab (Project, Object, Output or Coordinates)*을 통하여 전환될 수 있다.

그림 2.4.8 Project Manager context menu

Floating 모드를 선택하여, Relux interface의 임의로 위치시킬 수 있고 크기를 변경시킬 수 있다.

창 크기를 변경시키기 위하여 커서를 창의 한쪽 끝으로 이동시킨 후 창의 끝을 클릭하고 마우스를 누른 채로 원하는 크기로 창을 드래그 한다.

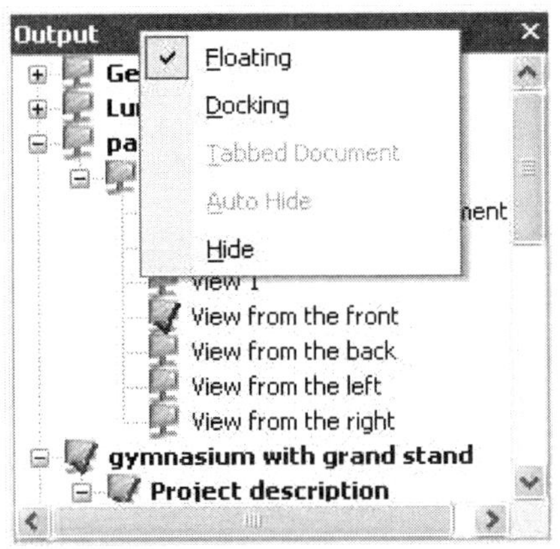

그림 2.4.9 Output window Floating mode

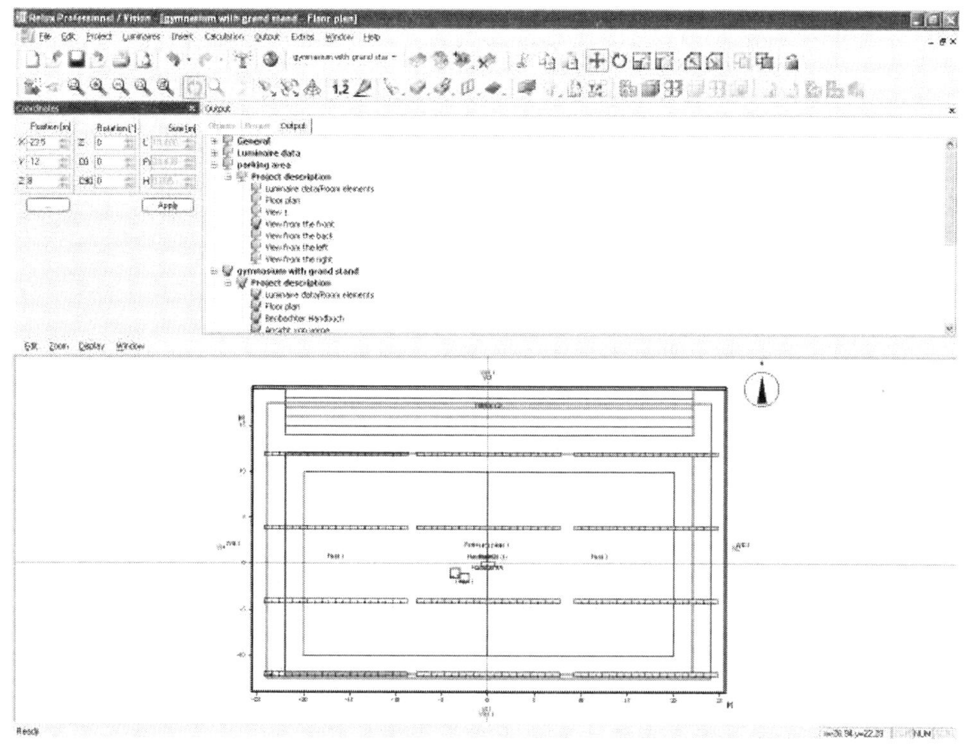

그림 2.4.10 Relux interface에 대한 다른 구성 예

그림 2.4.10은 Relux interface에 대한 다른 구성 예를 보여준다.

제5절 Action window

다음이 활성창 구역에서 표시될 수 있다:

- Floor plan
- 3D view (different views are possible)
- Results output (result overview, table, isolinies representation, pseudo colours, 3D mountain plot)

● 3D luminance

프로젝트는 Floor plan과 3D view 창에서 수정될 수 있다. Results output와 3D luminance 창은 단지 계산이 완료된 후에만 가능하다.

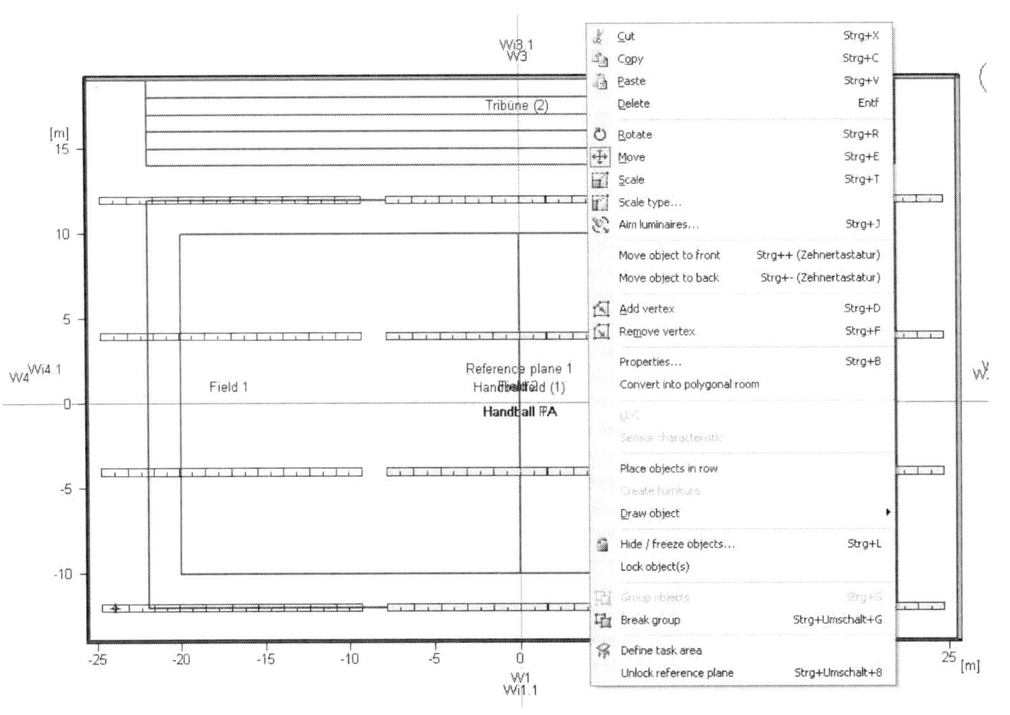

그림 2.5.1 Floor plan

Floor windows plan, 3D view, 3D luminance 창의 경우에, 마우스 오른쪽 버튼 클릭으로 팝업 메뉴가 나타난다. results output에는 팝업 메뉴가 없다. 다른 창에 대해서는 팝업 메뉴가 변경된다.

선택된 object들에 따라서, 다른 메뉴 옵션들을 선택할 수 있거나 차단(회색으로 표시)된다.

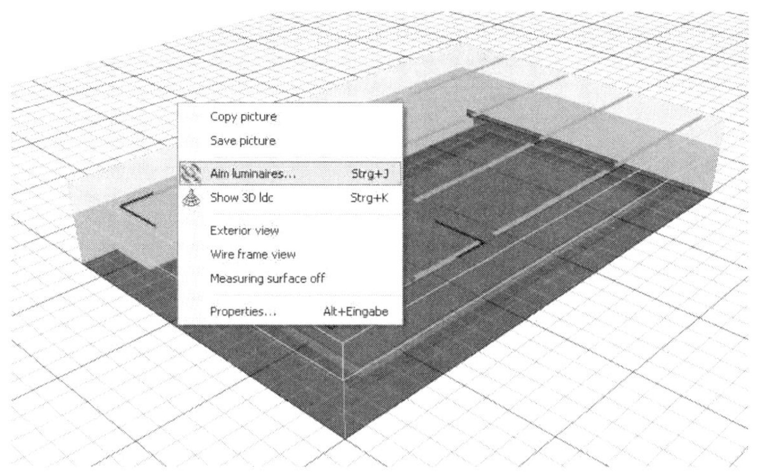

그림 2.5.2 3D view

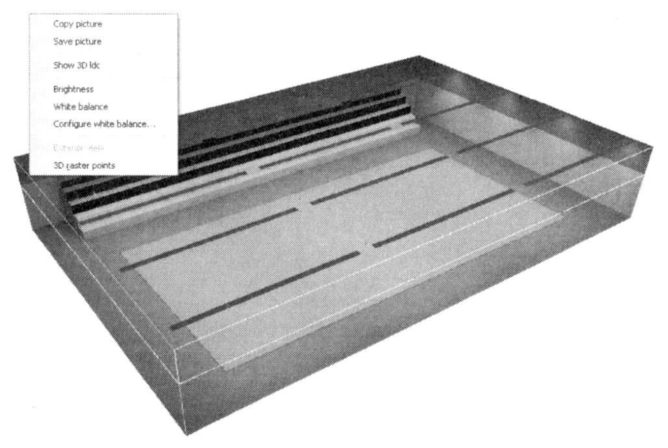

그림 2.5.3 3D luminance

활성창의 폭을 변경할 수 있다. 이렇게 하기 위하여 커서를 창의 왼쪽 끝으로 이동하여 창의 끝을 클릭하고 마우스 버튼을 누른 채로 원하는 크기로 드래그 한다.

제6절 PROJECT EXAMPLES

1. Relux Express

Relux를 시작하면, 다양한 옵션을 포함하고 있는 start window가 나타난다.

우선, Relux Express를 선택하여, 간단한 방법으로 실내에 대한 프로젝트를 만들 수 있다.

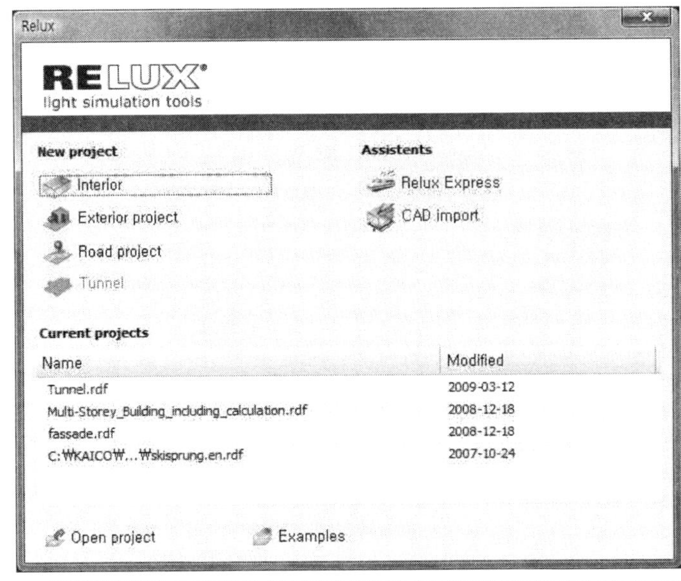

그림 2.6.1 시작 창

Relux Express 기능은 사용자가 실내 room 프로젝트에 대하여 요구되는 모든 입력사항들을 안내하고 프로젝트를 만드는 것을 지원을 제공한다. 이 기능은 특별히 초보자에게 알맞은데, 프로그램에 친숙해지도록 하고 실내 프로젝트를 빠르게 만들 수 있도록 해준다.

(1) Project data

아이콘을 클릭한 후, Relux Express는 프로젝트 데이터를 입력하도록 한다. 입력 창은 그림 2.6.2에서 볼 수 있다.

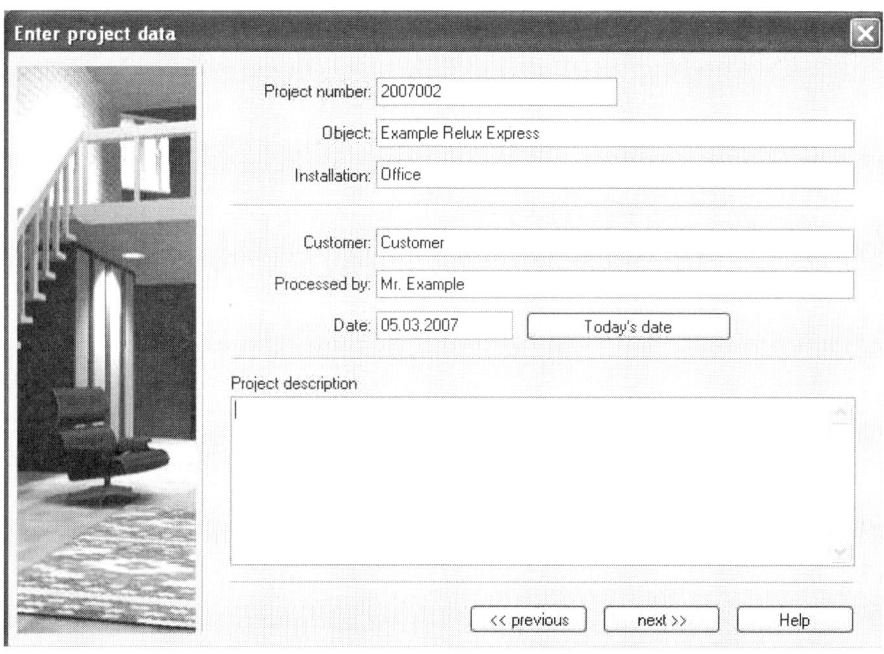

그림 2.6.2 Enter project data

(2) Room data

next 버튼을 클릭하여, Interior 창이 나오는데, 필요한 room 변수들을 입력할 수 있다.

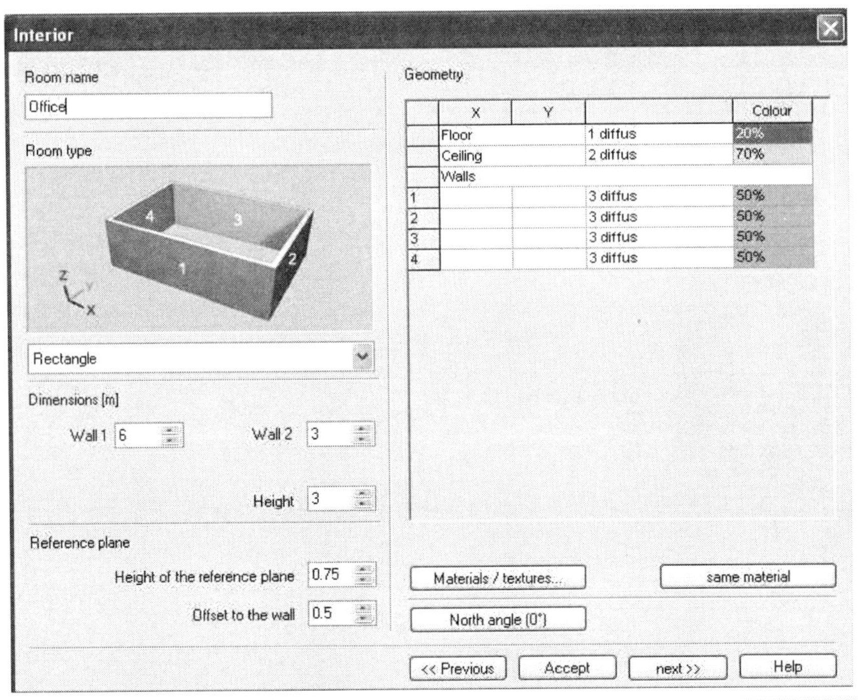

그림 2.6.3 Interior window

Relux Express에서, room 형상에 대하여 Rectangle 또는 L-Room shape를 선택할 수 있다. 사용자는 목록을 클릭하여 이것을 선택한다. Room type의 schematic diagram은 벽들이 어떻게 조정되는지 보여준다.

창의 왼쪽 편에서, room에 대한 이름을 입력할 수 있고, 또한 방 크기를 결정할 수 있다. 이것은 또한 reference plane의 높이와 reference와 wall 사이의 거리(offset)을 지정하는 지점이다.

창의 오른편에서는 각 wall, floor, ceiling에 대한 반사율을 할당 할 수 있다. Colour

버튼(e.g.)을 클릭하는 것은 사용자가 반사율을 직접 입력할 수 있도록 한다. 버튼을 클릭한 후 화살표를 클릭한다면, Select material color 창이 열릴 것이다. (그림 2.6.4)

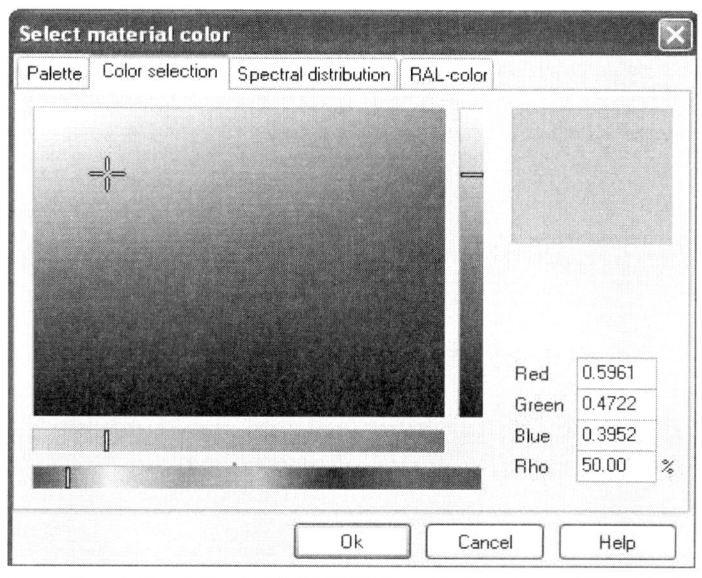

그림 2.6.4 Select material color 창

Color selection 탭을 눌러 이 창에서 직접 벽의 색을 선택할 수 있다. 창의 오른편에는, Relux는 사용자가 선택한 색을 보여주고 삼원색(red, green, blue)으로 색의 합성을 보여 준다. 부가적으로 반사율에 대한 proposal을 Relux는 계산한다.

OK 버튼을 클릭하여, 선택된 벽에 대한 색과 반사율을 지정할 수 있다.

same material 버튼을 클릭하여, 사용자가 지정한 벽들의 색을 첫 번째 벽의 색으로 변경할 수 있다. 그림 2.6.5에서 색을 적용하는 과정을 보여준다.

Geometry

	X	Y		Colour
	Floor		1 diffus	20%
	Ceiling		2 diffus	70%
	Walls			
1			7 diffus	50%
2			3 diffus	50%
3			3 diffus	50%
4			3 diffus	50%

Geometry

	X	Y		Colour
	Floor		1 diffus	20%
	Ceiling		2 diffus	70%
	Walls			
1			7 diffus	50%
2			3 diffus	50%
3			3 diffus	50%
4			3 diffus	50%

Geometry

	X	Y		Colour
	Floor		1 diffus	20%
	Ceiling		2 diffus	70%
	Walls			
1			7 diffus	50%
2			7 diffus	50%
3			7 diffus	50%
4			7 diffus	50%

그림 2.6.5 Assigning a colour to other walls

(3) Luminaire selection

next 버튼을 눌러 Luminaire selection 창으로 넘어간다.

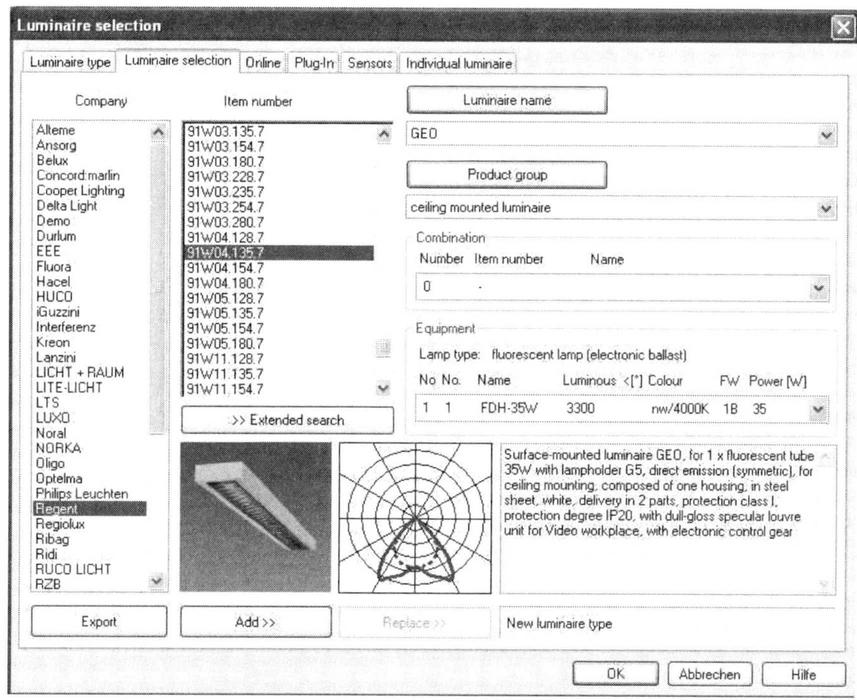

그림 2.6.6 Luminaire selection 창

Luminaire selection 탭을 클릭했을 것이다. 다음 단계로, 선택한 조명 회사를 클릭할 수 있다. Item number 아래의 목록에서 Relux에서 사용 가능한 회사의 조명기구를 모두 볼 수 있을 것이다. 사용자는 Add 버튼을 툴러 조명기구 중 하나를 선택할 수 있다.

Room에 다른 타입의 몇 가지 조명기구를 넣고자 한다면 다시 Add 버튼을 사용하여 조명기구를 추가할 수 있다.

Luminaire type 탭을 클릭하여, 선택한 조명기구 모두를 볼 수 있다. OK 버튼을 눌러 선택을 승인할 수 있고, Relux Express는 계속하여 조명기구를 위치시킨다.

(4) Luminaire positioning with EasyLux

EasyLux를 사용하여, Relux는 사용자가 주어진 조도에 요구되는 조명기구의 수를 아주 빠르게 결정하도록 하고 자동으로 조명기구를 위치시킬 수 있도록 하는 툴을 제공하고 있다.

EasyLux 창은 그림 2.6.7에서 볼 수 있다.

사용자는 먼저 EasyLux가 계산에 사용할 조명기구 타입을 지정해야 한다. 이전 단계에서 추가한 조명기구 중에서 사용자가 선택 할 수도 있다. 목록이 표시되도록 Luminaire type에서 을 클릭한다. 추가된 모든 조명기구는 여기에서 보이고 그것 중 하나를 선택할 수 있을 것이다.

Maintenance factor 항목에서, 사용자는 자신의 maintenance factor를 입력하거나, 목록에서 적절한 항목을 선택하여 Relux가 이것을 계산하도록 할 수 있다. 또한 Maintenance Factor Manager에서 maintenance factor를 결정하기 위하여 EN12464 ... 을 클릭할 수 있다.

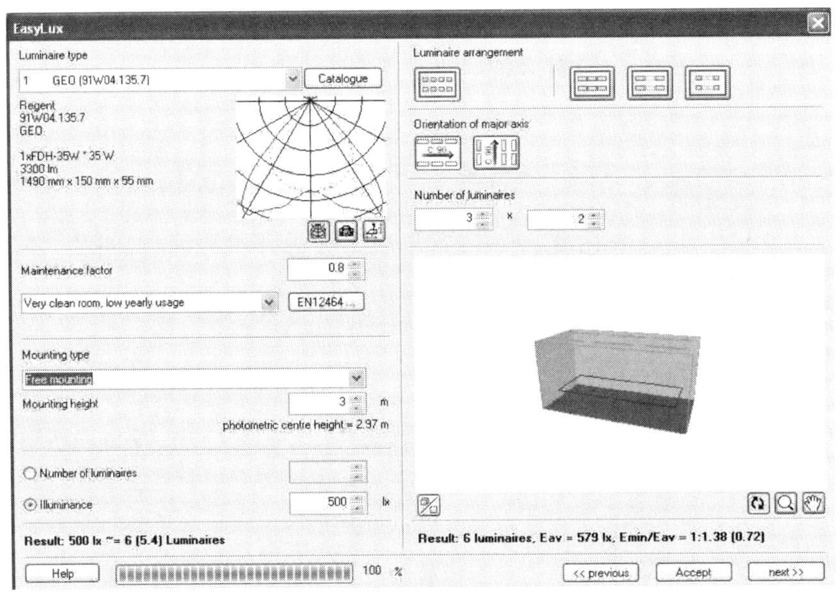

그림 2.6.7 EasyLux 창

다음은 Mounting type 항목에서, mounting type 목록에서 조명기구에 대한 설치 타입을 지정해야 한다.

일단 room에 대한 요구 조도를 입력했다면, EasyLux는 필요한 조명기구의 수량을 계산하여 room에 균일하게 조명기구를 배치할 것이다.

창의 오른쪽 항목에서, 사용자는 조명기구의 위치와 수량을 변경 할 수 있다. 각각의 변경 후에, EasyLux는 다시 조도를 계산할 것 이다. 이것은 사용자의 변경이 조도에 어떻게 영향을 끼치는지를 확인한다. 따라서 사용자는 다른 수량의 조명기구와 다른 배치에 대하여 조도를 결정하기 위하여 EasyLux를 사용할 수 있다.

Number of luminaires 항목은 room에서 전체 조명기구의 수량을 설정한다. 조명기구는 항상 대칭적으로 배열된다.

다섯 개의 조명기구를 지정하고 두 줄로 배열한다면, EasyLux는 여섯 개의 조명기구를 사용할 것이다(한 줄에 3개의 조명기구).

Luminaire arrangement 항목에서, 사용자는 조명기구가 room에 균일하도록 배열되도록 지정할 수 있다. 이것과 함께, 또한 mounting strip lights에 대한 세 가지 옵션이 있다 (100%, 50%, 33% strip light configuration). 빈 공간은 정확히 하나 또는 두 개의 strip light에 대응한다.

Orientation of major axis을 사용하여, 세로 방향이나 가로 방향으로 조명기구를 위치시키는 옵션이 있다.

Number of luminaires 항목에서, 사용자는 한 줄에 들어가는 조명기구의 숫자와 줄의 수를 지정하도록 입력할 수 있다.

을 클릭하여, 사용자는 floor plan과 3D view 사이를 전환 할 수 있다.

3D view에서, 사용자는 다른 위치로부터 overview를 얻기 위하여 마우스를 사용하여 room을 회전시키고 이동시킬 수 있다.

3D view에서, 마우스는 다음 기능을 갖고 있다:

왼쪽 마우스 버튼	room 회전
가운데 마우스 버튼	room 이동
마우스 휠	room에서 확대
오른쪽 마우스 버튼	팝업 메뉴

next 버튼을 클릭하여, product data 입력을 끝내고 project output를 진행할 수 있다.

(5) Project output with Relux Express

Relux Express는 프로젝트의 출력물을 선택할 수 있도록 한다. 프로젝트를 출력하는데 사용하고자 하는 프린터를 지정할 수 있다. (그림 2.6.8)

한 가지 매력적인 옵션은 프로젝트 출력물을 PDF 파일로 직접 만들 수 있다는 것이다. 사용자는 PC에서 결과물을 email로 보내거나 출력할 수 있다.

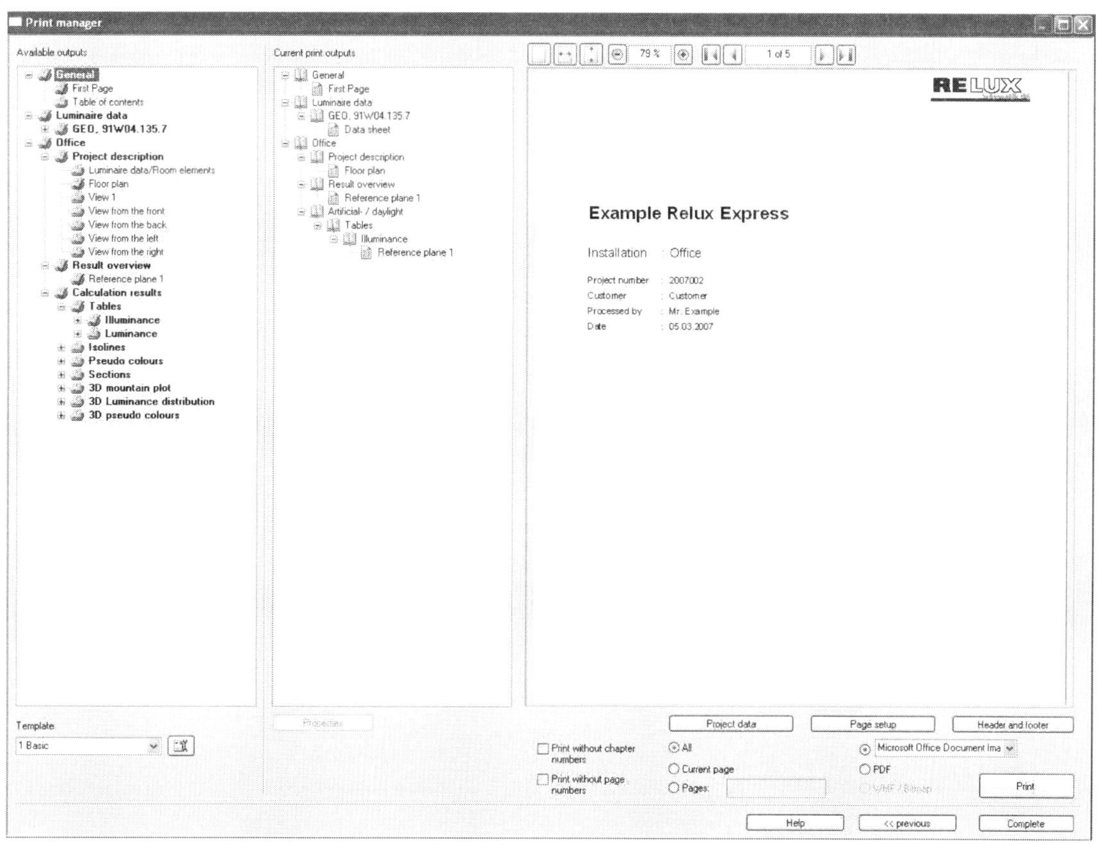

그림 2.6.8 Output of a Relux Express project

Print 버튼을 클릭하여 프린트를 시작할 수 있다. Relux Express를 빠져 나오기 위하여 지금 Complete 버튼을 누를 수 있다.

마지막으로, 메뉴 옵션의 *File Save As*.에서 프로젝트를 저장해야 한다. 그림 2.6.9에서 볼 수 있는 것처럼, 폴더와 프로젝트 이름을 선택하고 Save 버튼을 클릭하여 프로젝트를 저장해야만 한다.

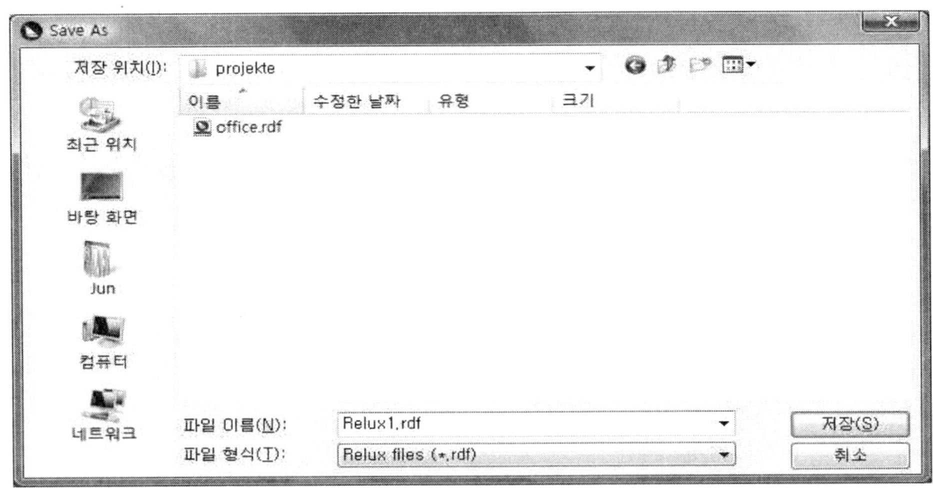

그림 2.6.9 Save As

먼저 프로젝트를 저장하지 않고 닫으려고 하면 그림 33의 창이 나타난다. Yes 버튼을 누르면 그림 2.6.9의 창이 나타나고 파일 이름을 입력하고 프로젝트를 저장할 수 있다.

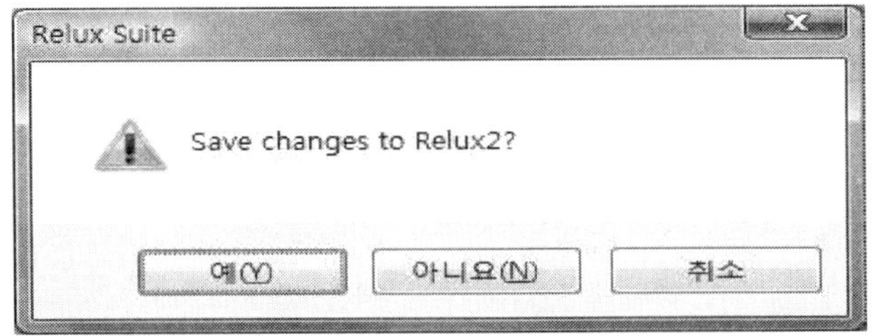

그림 2.6.10 Safety prompt when closing the project

제7절 Interior Project

Relux Pro를 시작하면, 몇 가지 선택사항이 있는 start window이 나타날 것이다. 새로운 프로젝트(Relux Express button: **Interior**; Projects buttons: **Interior**, **Exterior** or **Road project**)를 만들거나 저장되어 있는 프로젝트(Buttons: **Open project**, **Current projects** 또는 **Samples**)를 열 수 있다.

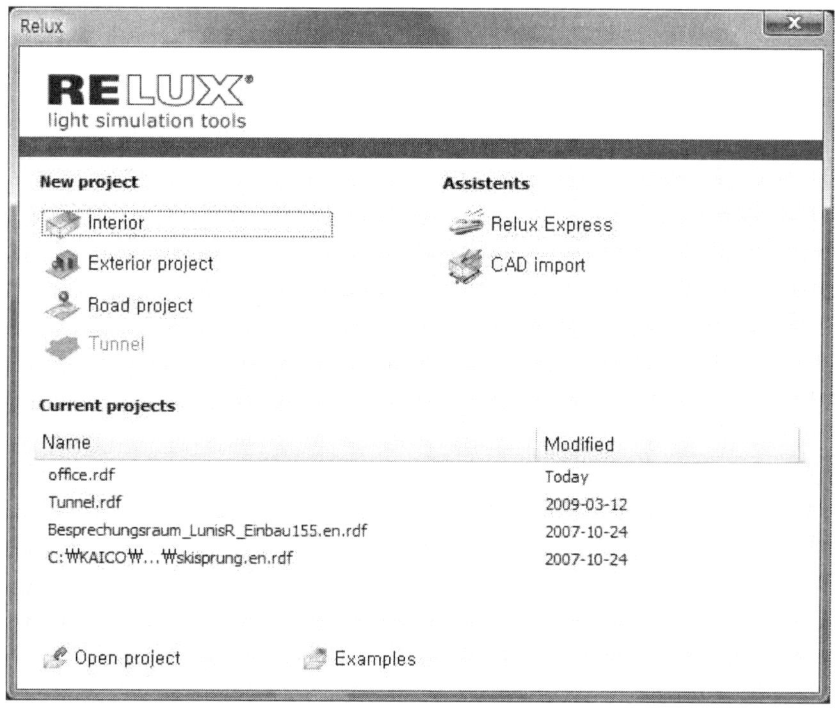

그림 2.7.1 Start window with Interior

프로젝트를 시작하기 위하여, 우리는 Interior 프로젝트 버튼을 눌러 시작할 것이다.

1. Project data

Enter project data 창이 열릴 것이다.

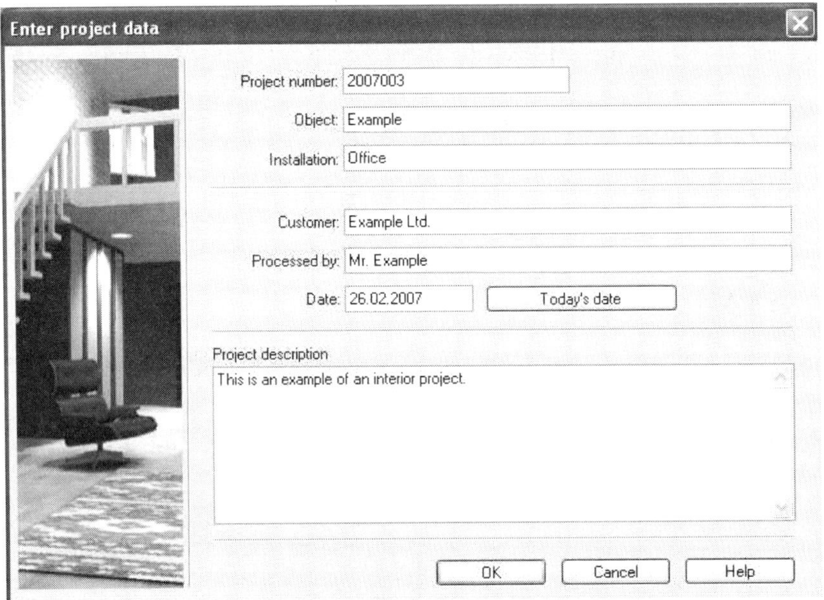

그림 2.7.2 Enter project data

필요한 데이터를 입력할 수 있고 OK 버튼을 눌러 창을 닫는다.

2. Room data

Interior 창이 열리고, 필요한 room 변수들을 입력하도록 한다.

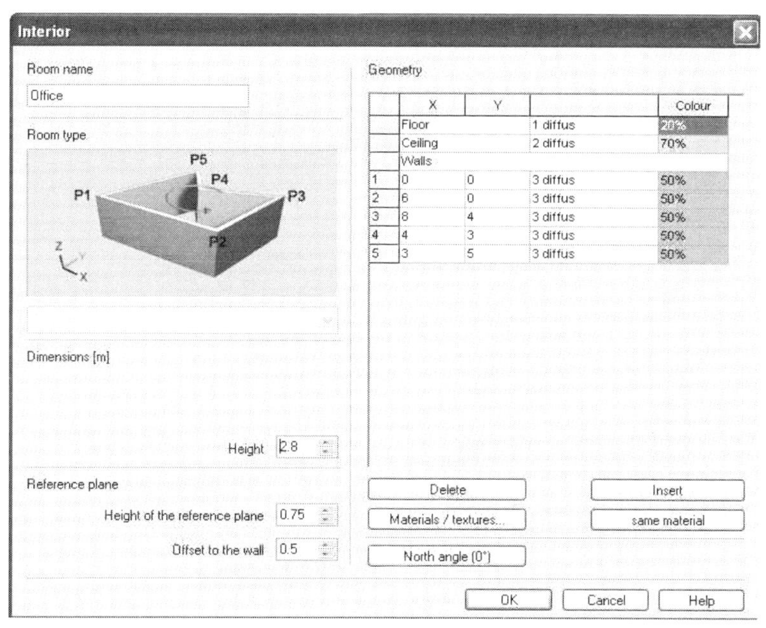

그림 2.7.3 Interior window

Room 이름을 *Office*로 입력하고 프로젝트에 대한 room 타입을 *Polygon* 으로 선택한다.

높이는 2.8 m로 설정하고 reference plane에 대한 기본 값들을 채택한다.

이제 room의 개별 포인트를 입력한다. 복잡한 floor plan을 가진 room에 대해서는 background image로써 floor plan을 읽어 들이는 것이 가장 쉬운 room의 포인트들을 생성하는 것이다.

이렇게 한 후에, floor, ceiling, wall들에 대한 material과 color를 지정할 수 있다. 예를 들어, floor에 대하여, Materials/Textures 버튼을 누르고 Relux texture library의

Fabric 디렉토리에서 *Carpet Blue*를 선택한다. Color를 선택하기 위하여, Colour 입력창(e.g. 50%)을 직접 클릭하여 반사율을 선택할 수 있다. 만약 50% 입력창을 클릭한 후 50% ↧ 화살표를 누르면, Select material colour 창이 열릴 것이다. 여기에서 RAL color를 사용할 수 있다.

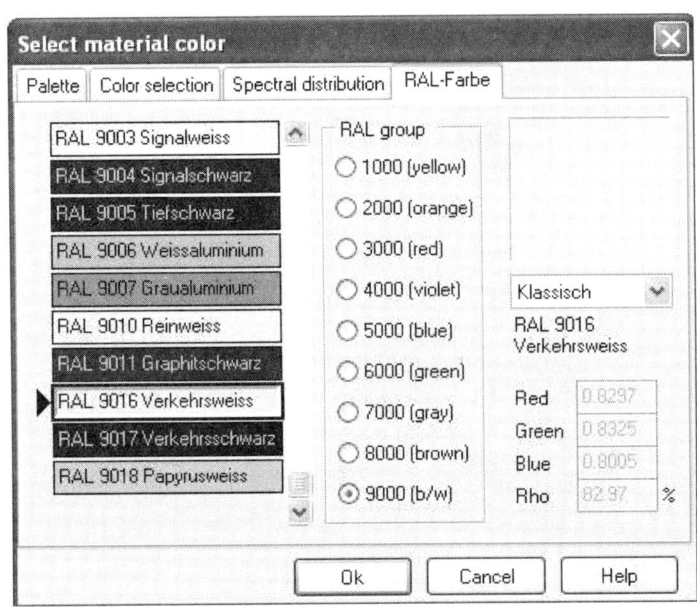

그림 2.7.4 RAL Farbe/RAL color tab에서 material color 선택하기

위의 작업 단계가 완료된 후에 그림 2.7.5에 보이는 데이터가 Interior 창에 표시되어야 한다.

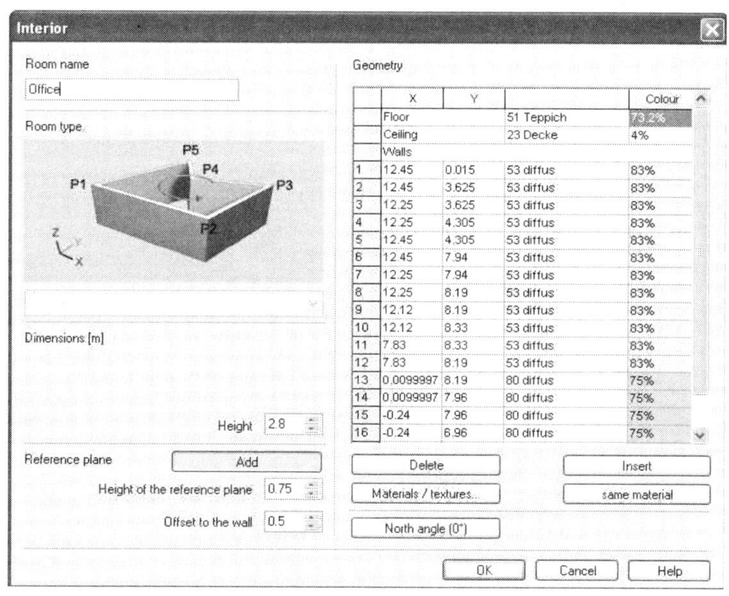

그림 2.7.5 sample room에 대한 데이터를 갖는 "Interior" 창

North angle 버튼으로 room orientation을 지정할 수 있다.

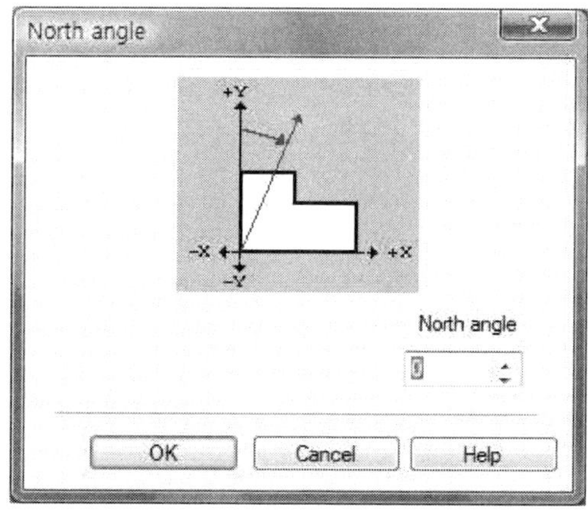

그림 2.7.6 North angle 지정

위 단계를 완료한 후 네 개의 overview display들이 표시될 수 있게 할 수 있다.

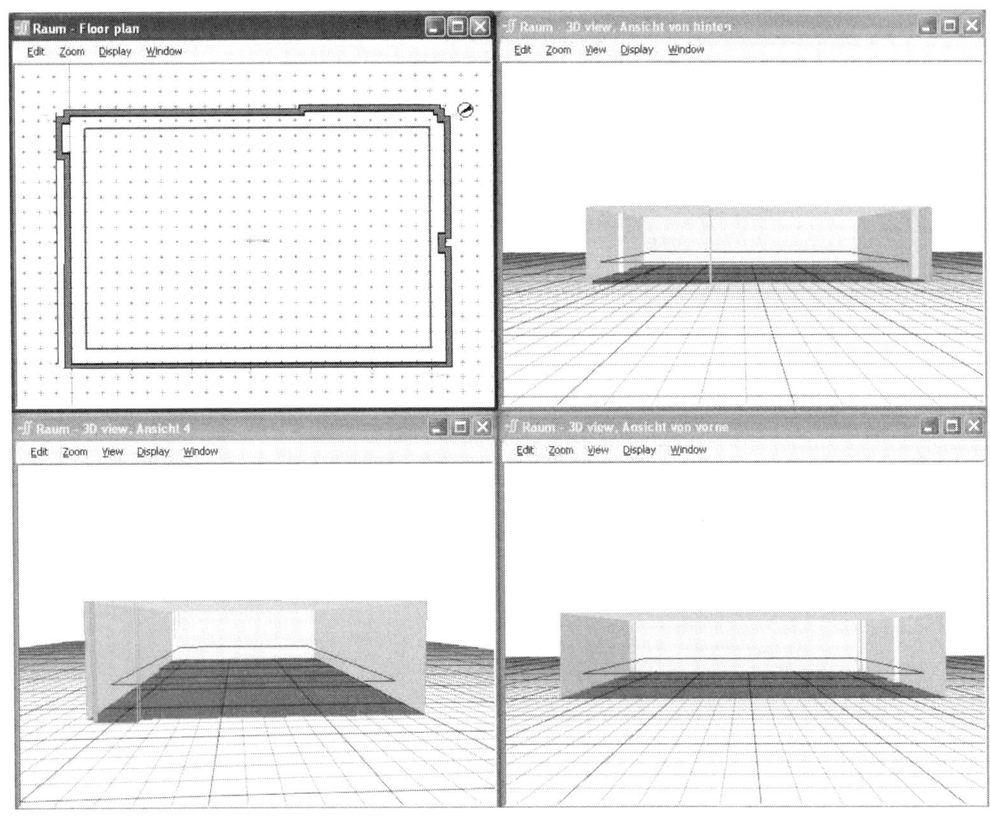

그림 2.7.7. Overview presentation

3. Room elements (doors, windows, skylights, pictures)

Room elements는 이제 다음 단계에서 입력할 수 있다. 입력하는 가장 간단한 방법은 Project Manager에서 Objects 탭의 Room elements 디렉터리를 선택하여 원하는 room element를 드래그 하여 적절한 wall 또는 ceiling(skylights)에 넣는 것이다. room element들은 열려 있는 Properties 창에서 수정될 수 있다.

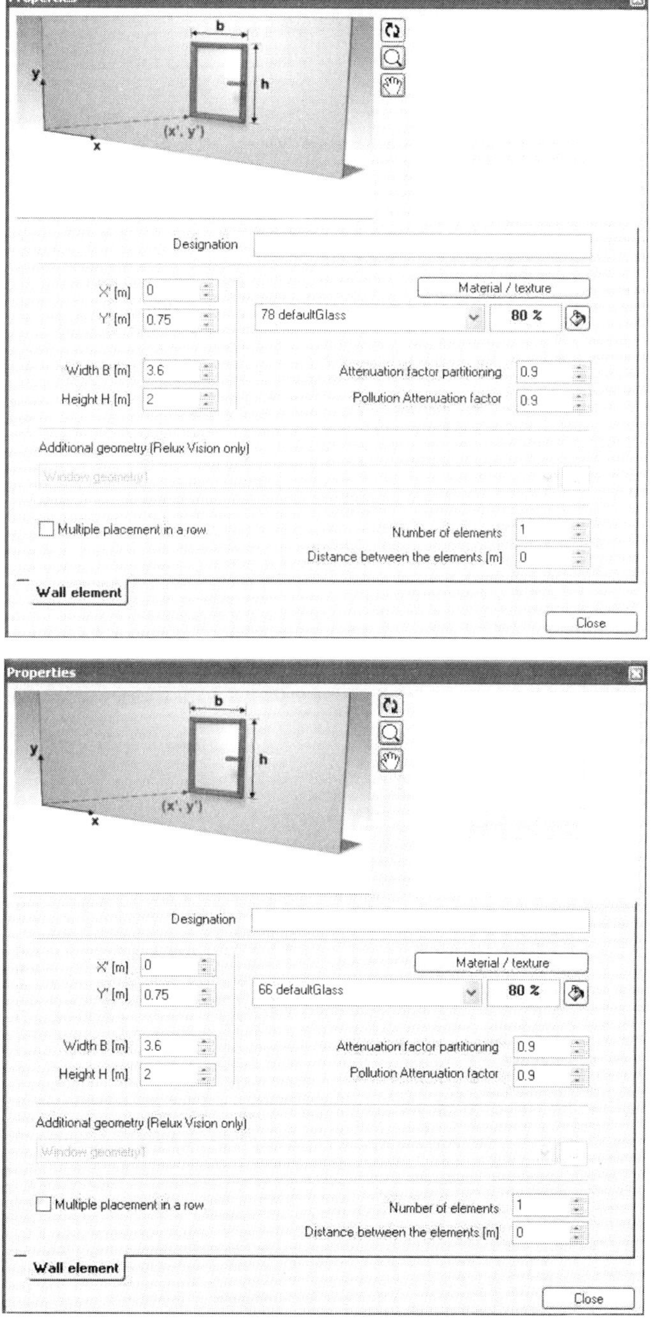

그림 2.7.8 Windows에 대한 "Properties" 창

창들을 입력한 후, 이제 daylight calculation을 수행할 수 있다.

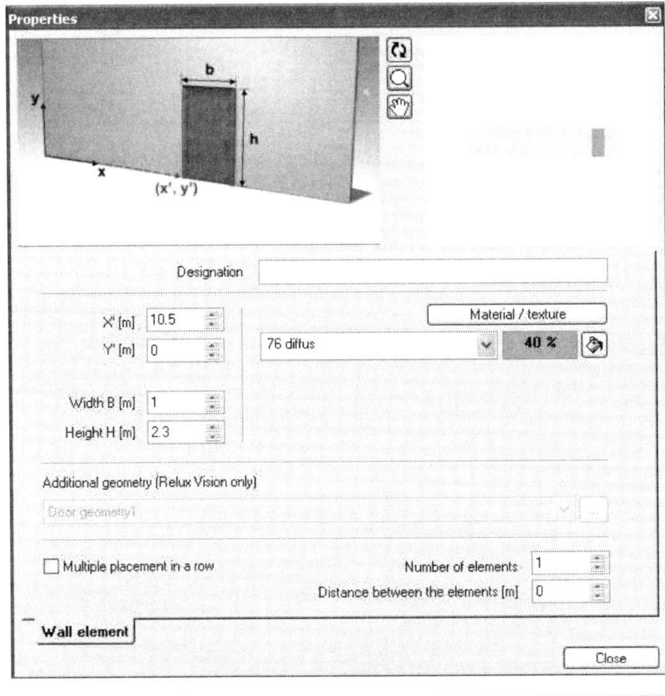

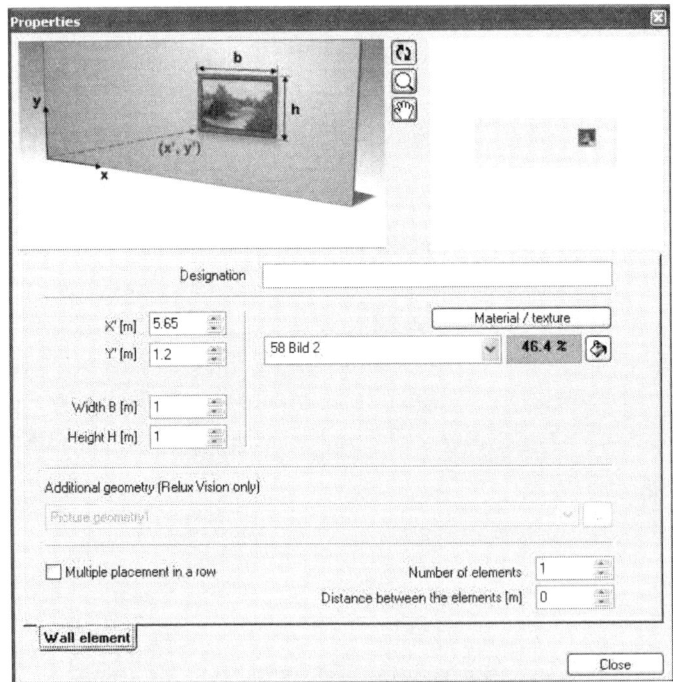

그림 2.7.9 door와 picture에 대한 "Properties" 창

Room element Picture는 Material/texture 버튼을 통하여 그림을 넣을 수 있다.

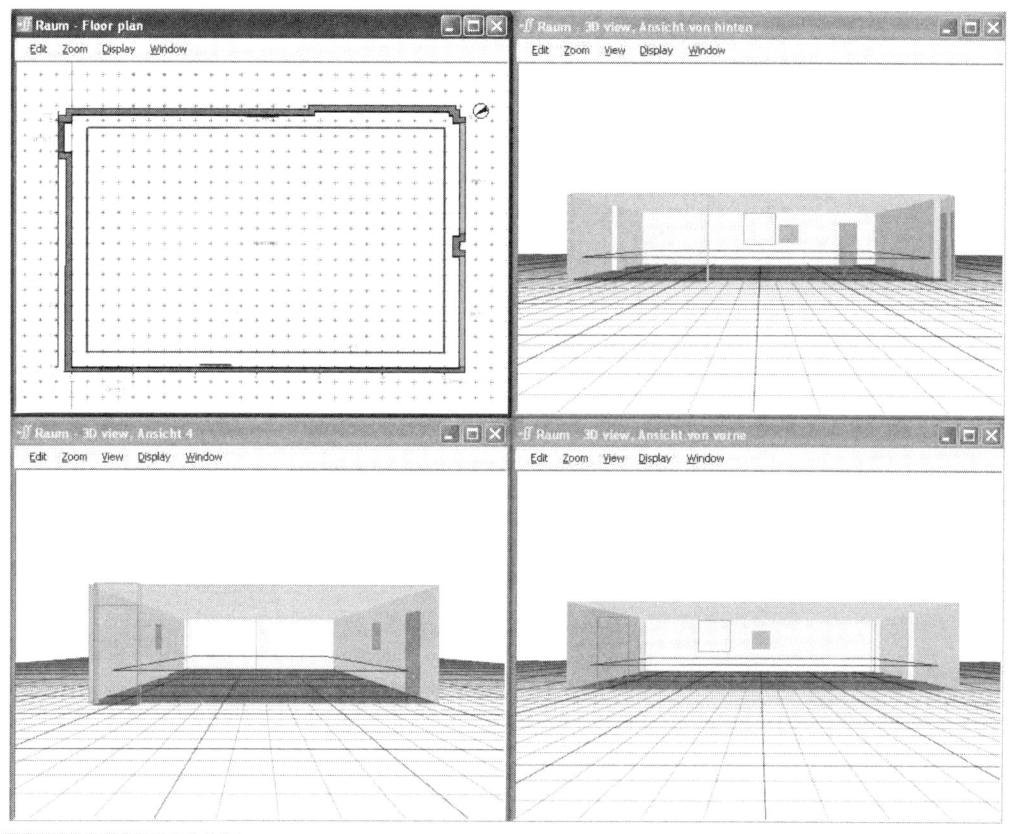

그림 2.7.10 Overview presentation

4. Luminaire selection

다음 단계로써, 프로젝트에 필요한 조명기구를 선택할 수 있다. 예를 들어, Project Manager로 가서 Objects 탭의 Luminaires 디렉터리 *Add* 메뉴 옵션을 선택하여 조명기구를 선택할 수 있다. Luminaire selection 창이 열리면 Luminaire selection 탭에서 조명기구를 선택할 수 있을 것이다. 프로젝트에 선택한 조명기구를 Luminaire type 탭에 표시할 수 있다.

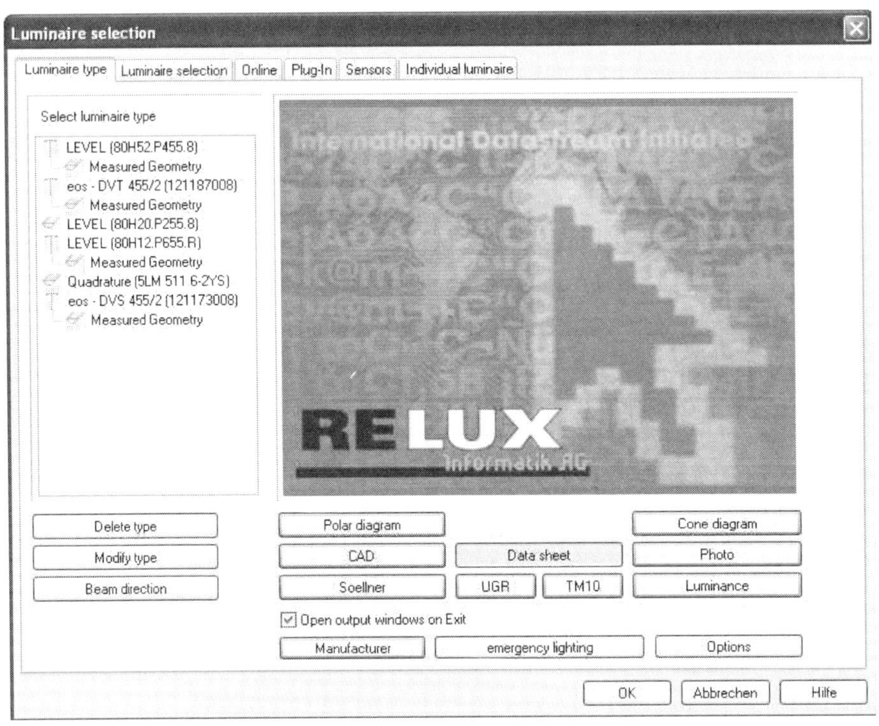

그림 2.7.11 Luminaire selection window

5. Designing a scene

Workplace들은 적절한 furniture와 measuring element들의 위치를 정하기 위하여 사전에 설정되어야 한다. Project Manager에서 Objects 탭의 3D objects/furniture 디렉터리에서 *Add* 메뉴 옵션을 선택하여 Relux furniture library에서 furniture를 선택할 수 있다. 그런 후에, furniture들을 room에 삽입할 수 있고 Properties 창에서 수정할 수 있다.

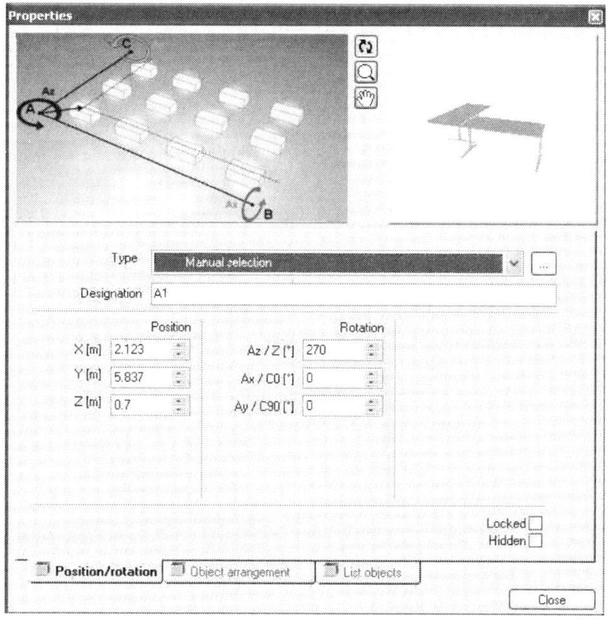

그림 2.7.12 workplace A1"의 furniture에 대한 Properties" 창

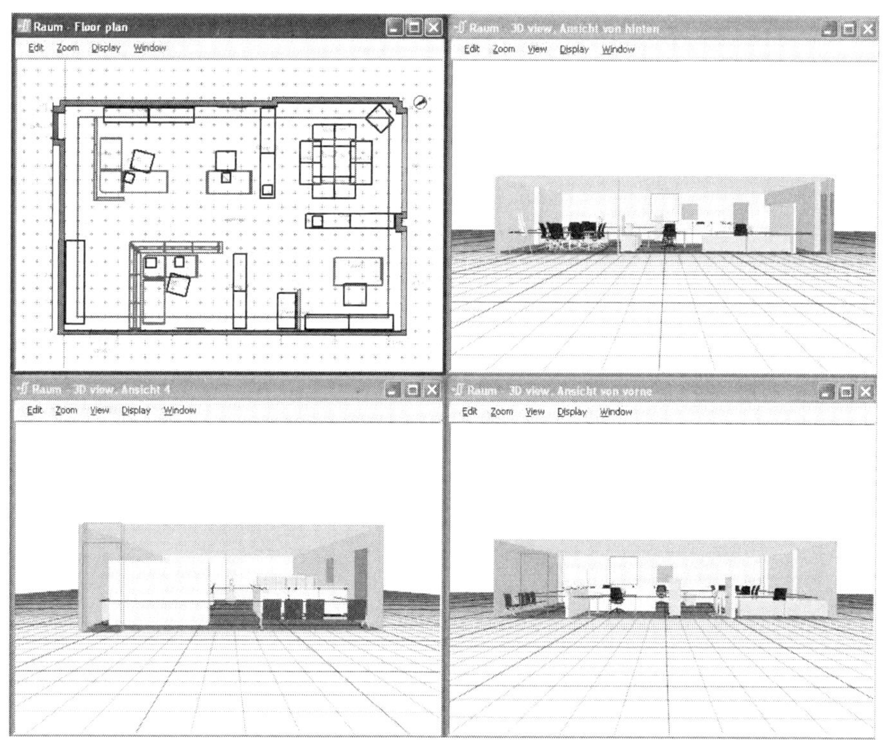

그림 2.7.13 Overview presentation

사용자는 개별 workplace에 measuring surface들을 배치할 수 있다. 이렇게 하기 위하여, 원하는 table을 선택하여 마우스 오른쪽 버튼으로 팝업 메뉴를 연다. 메뉴 옵션에서 *Define task area*를 선택하고, measuring surface을 편집한다. 직사각형이 아닌 3D object들에 대해서, measuring surface는 bounding box에 맞추어질 것이다. 나중에 실제 table surface에 맞도록 변경해야 한다. 이렇게 하기 위하여, measuring surface를 더블클릭 하면 열려 있는 Properties 창에서 measuring surface를 수정할 수 있을 것이다.

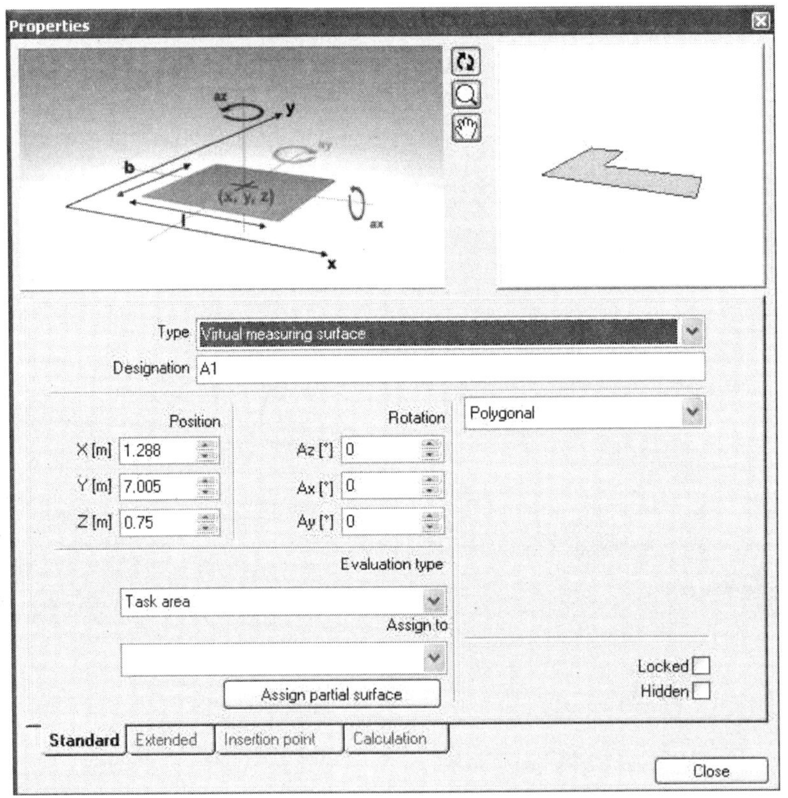

그림 2.7.14 workplace A1의 measuring surface에 대한 "Properties"창

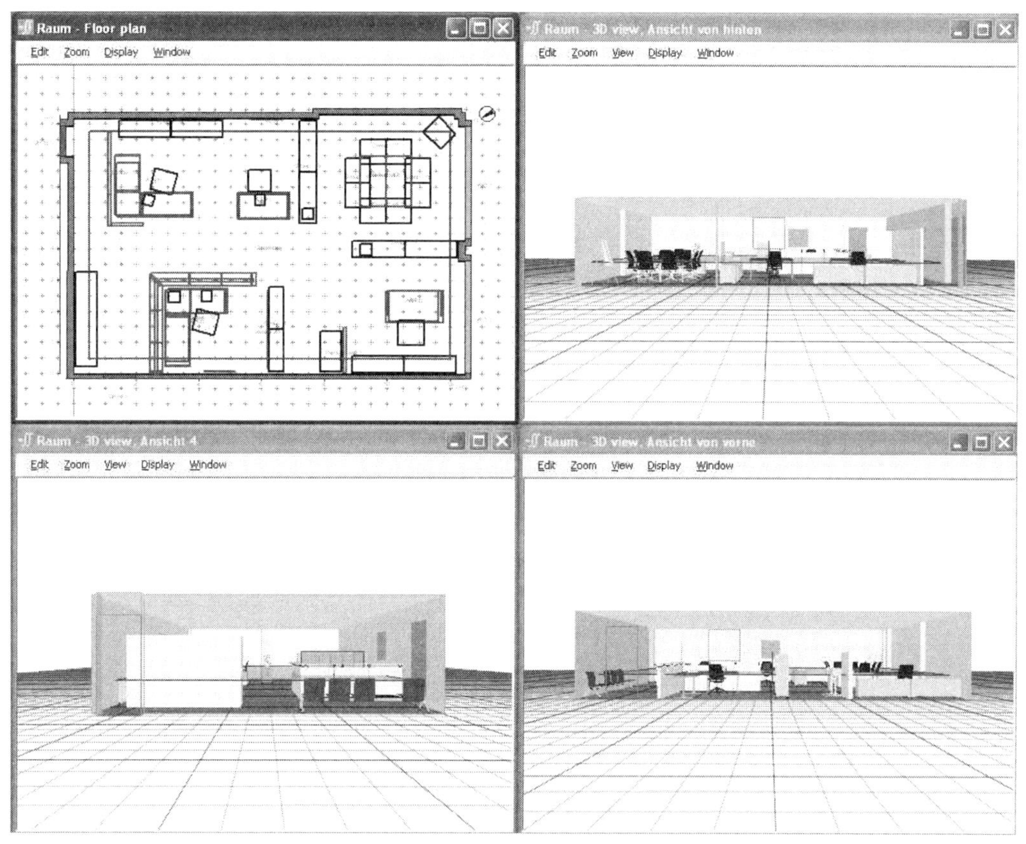

그림 2.7.15 Overview presentation

Artificial calculation을 수행하기 위해서는 물론 조명기구가 room에 위치되어 있을 필요가 있다. 원하는 조명기구를 Project Manager의 Objects 탭에 있는 Luminaires 디렉터리를 선택하여 room에 드래그 할 수 있다. 조명기구를 더블 클릭하여 Properties 창을 열고 조명기구를 수정할 수 있다. Group에 포함시킬 조명기구를 마우스의 오른쪽 마우스의 팝업 메뉴에서 *Group* 메뉴를 선택하여 조명기구를 group으로 만들 수 있다.

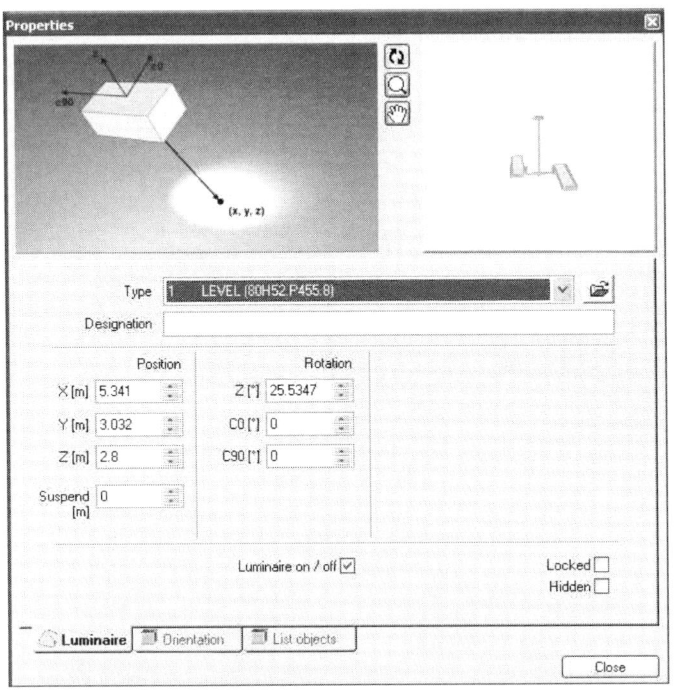

그림 2.7.16 suspended luminaire에 대한 "Properties" 창

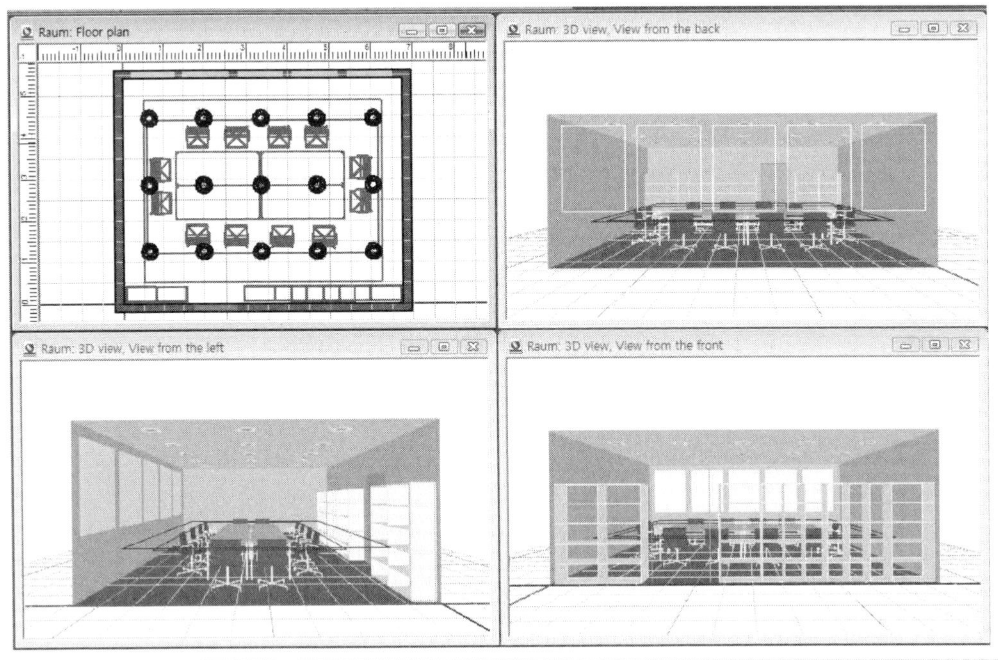

그림 2.7.17 Overview presentation

6. Calculations

Room에 필요한 모든 object들을 위치시켰을 때, 메인 메뉴 옵션의 *Calculation Calculation manager* 를 통하여 계산을 시작할 수 있다.

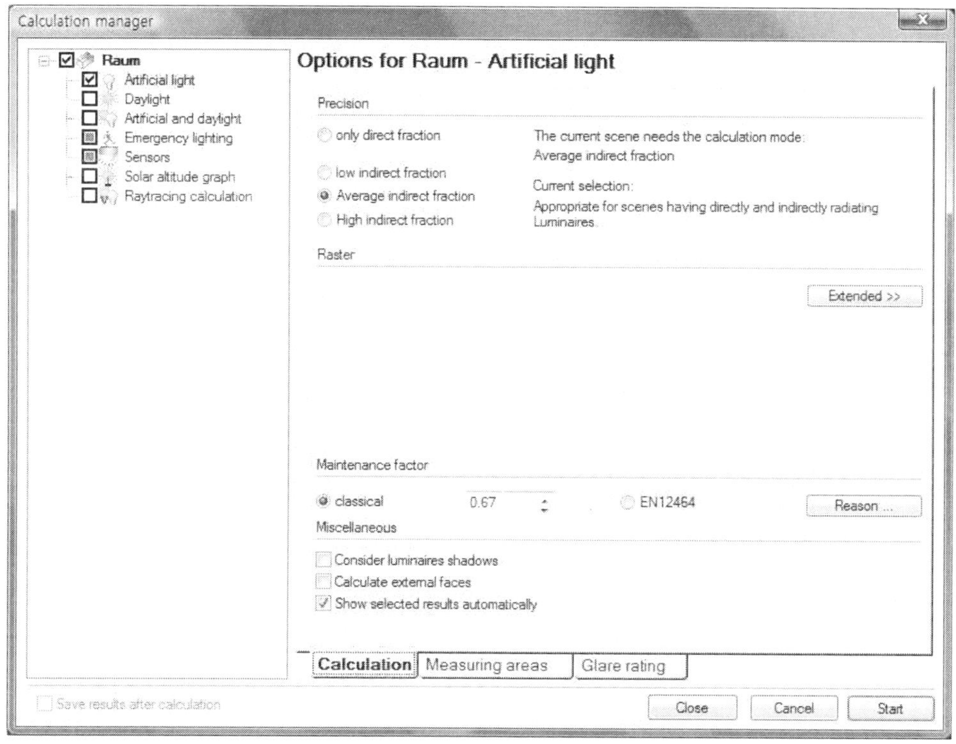

그림 2.7.18 "Calculation manager" 창

7. Project output

계산 후에, 메인 메뉴의 *Output Print*을 통하여 프로젝트를 출력 할 수 있다. 결과를 PDF 파일로 직접 출력할 수도 있다.

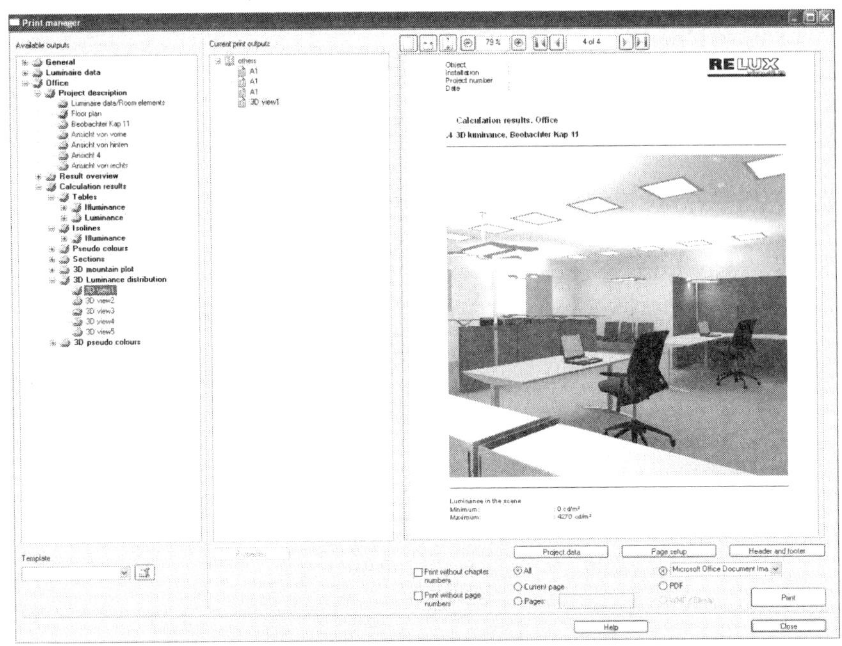

그림 2.7.19 Print manager 창

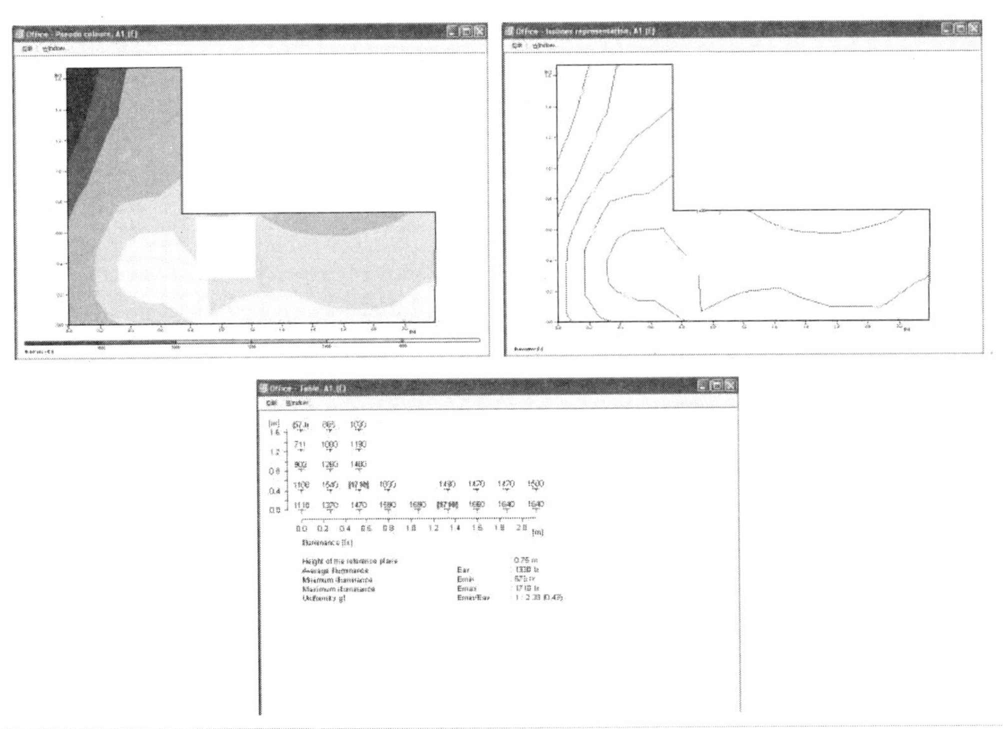

그림 2.7.20 pseudo colours, isolinies, table 형식의 출력

그림 2.7.21. 인공조명에 대한 Relux Pro와 Relux Vision의 3D Luminance

그림 2.7.22 주광과 인공조명에 대한 ReluxPro와 Relux Vision의 3D Luminance

ReluxPro는 완전 확산 반사 표면을 계산한다. 이것은 반사 물질(거울)이나 투명 물질(창문)에 대한 자연스러운 그림들을 만들지는 못한다. 자연스런 그림을 얻기 위해서는, Relux Vision을 사용해야 하는데, material들의 반사, 투과 특성을 고려한다.

8. 프로젝트 저장

메인 메뉴의 *File Save As* 을 통하여 프로젝트를 저장할 수 있다. 그림 2.7.23에서 보는 것처럼, 먼저 디렉터리와 프로젝트 이름을 선택하고 Save 버튼을 눌러 프로젝트를 저장한다.

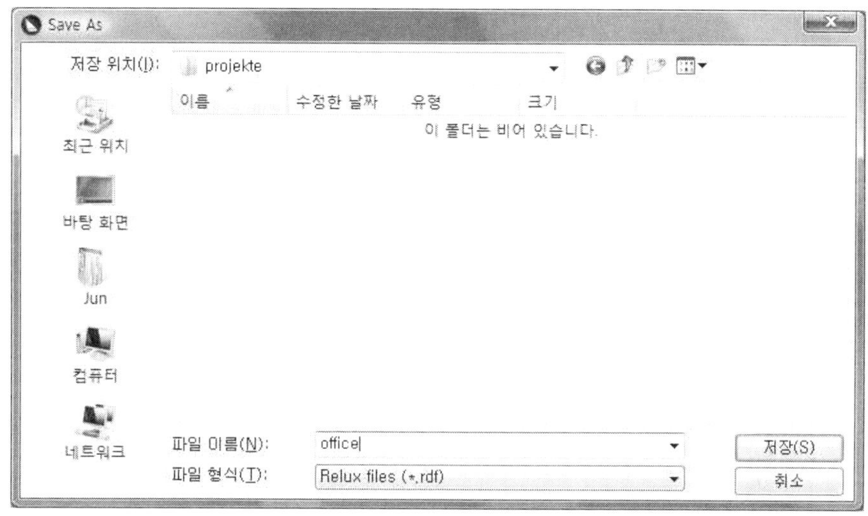

그림 2.7.23 Save As

미리 프로젝트를 저장하지 않고 닫으려고 하면, 그림 2.7.24처럼 나타날 것이다. Yes 버튼을 누르면, 그림 2.7.23의 창이 나타나고 파일 이름을 입력하고 프로젝트를 저장할 수 있다.

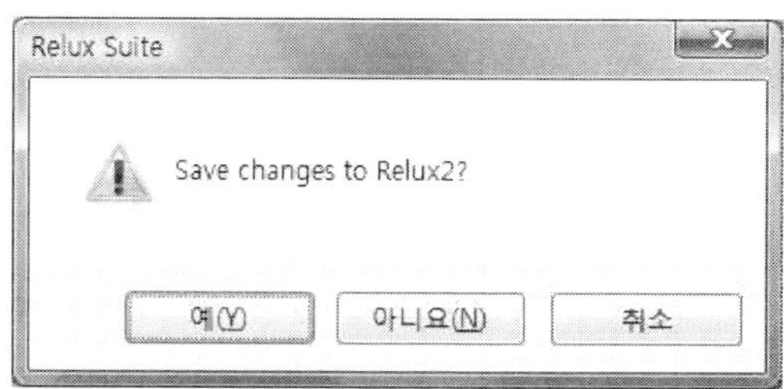

그림 2.7.24 Safety prompt

참고문헌

[1] GARY NUTT, "Operating System Project Using Windows NT"

[2] GARY NUTT, "Kernel Projects for LINUX"

[3] 홍석범, "Linux World", 2007. 06.

[4] 박재영 외, LIGHTSCAPE REALITY (건축. 인테리어 3D LIGHTING를 위한), 2002. 06

[5] 조재완, Lightscape Master, 2002. 06

황 명 근
수석연구원

서울산업대학교 전자공학과 졸업(학사)
한양대학교 전자공학과 졸업(석사)
인하대학교 전기공학과 졸업(박사)
현재, 한국조명연구원 연구사업부장, 부천 RIS사업단장
차세대 LED조명인력양성센터장

■ 전문활동분야
한국조명전기설비학회 편수이사, 국제조명위원회(CIE)한국위원회 (KCIE) 이사
대한전기학회 편수위원, IEC/TC82 전문위원 등

■ 관심분야
신광원 및 PV응용분야, LED램프 최적설계/분석, 광물성과 복사도 평가/분석 등
LED조명 인력양성

안 수 호
(주) 굿피앤씨 대표

연세대학교 졸업(공학사)
연세대학교 대학원 졸업(공학석사)
연세대학교 대학원 졸업(공학박사)
현재, (주)굿피앤씨 대표

■ 관심분야
조명 광학 설계
렌즈 모듈 설계
광 기구물 디자인

박 상 준
㈜카이코 차장

1998.02　　　　　인하대 물리학과 졸업
2003.01~2006.09　LG전자 PLS사업부, PLS 제품 개발
2006.10~2007.12　LG전자 RMC사업부, LPS시스템 개발
현재, (주)카이코 차장

■ 관심분야
조명기기 옥내환경과 조명설계
CMH램프 성능평가 및 분석
LED 성능평가 및 분석
LED조명 인력양성 등

홍 성 욱
㈜젠텍 차장

서울 산업대학교 전기공학과 졸업(공학사)
서울 산업대학교 전기공학과 졸업(공학석사)
현재, (주)젠텍 차장

■ 관심분야
조명 시뮬레이션

Lightscape / Relux를 이용한
조명설계 프로그램의 이해와 활용

지은이와 협의 인지 생략

인　쇄 : 2010년 7월 05일
발　행 : 2010년 7월 10일
공　저 : 황명근 · 안수호 · 홍성욱 · 박상준
발 행 처 : 도서출판 아진
135-010
서울시 강남구 논현동 148-19 한미빌딩 201호
TEL:02-737-0663 FAX:02-737-0664
Homepage:ajin.to
E-mail:kgb@ajin.to
발 행 인 : 김 근 배
등록번호 : 제300-1995-56호
ISBN : 978-89-5761-317-7 93560

가격 15,000원